普通高等职业教育计算机系列规划教材

计算机应用基础
（Windows 7+Office 2010）
（第3版）
——"教·学·做"一体化

洪　钟　文其知　主　编

刘晴晖　潘　彪
肖　爽　曾　麒　副主编

伍守意　主　审

电子工业出版社
Publishing House of Electronics Industry
北京·BEIJING

内 容 简 介

本书包含 8 个项目，内容包括计算机基础知识、Windows 7 系统操作与管理、网络互联与信息交流、文字排版处理（Word 2010）、电子表格数据处理（Excel 2010）、演示文稿制作（PowerPoint 2010）、Office 组件间的综合应用、系统维护和常用工具软件。本书将理论知识和操作技能融为一体，注重实际操作。用项目分析引导，并以此提出问题和任务，然后再用理论知识和操作技巧进行详细讲解。在编写的过程中，内容编排采取由浅入深、循序渐进的方式，尽量突出适用性、实用性和新颖性。

本书适合作为普通大专院校、高等职业院校和成人大专院校专科层次的计算机基础课程教材，也可作为全国计算机等级考试和自学考试用书。

未经许可，不得以任何方式复制或抄袭本书之部分或全部内容。
版权所有，侵权必究。

图书在版编目（CIP）数据

计算机应用基础：Windows 7+Office 2010 / 洪钟，文其知主编．—3 版．—北京：电子工业出版社，2015.8
普通高等职业教育计算机系列规划教材·"教·学·做"一体化

ISBN 978-7-121-26821-2

Ⅰ．①计⋯ Ⅱ．①洪⋯ ②文⋯ Ⅲ．①Windows 操作系统—高等职业教育—教材②办公自动化—应用软件—高等职业教育—教材 Ⅳ．①TP316.7②TP317.1

中国版本图书馆 CIP 数据核字（2015）第 173816 号

策划编辑：徐建军（xujj@phei.com.cn）
责任编辑：郝黎明
印　　刷：北京七彩京通数码快印有限公司
装　　订：北京七彩京通数码快印有限公司
出版发行：电子工业出版社
　　　　　北京市海淀区万寿路 173 信箱　邮编　100036
开　　本：787×1 092　1/16　印张：17.75　字数：454.4 千字
版　　次：2011 年 9 月第 1 版
　　　　　2015 年 8 月第 3 版
印　　次：2020 年 11 月第 15 次印刷
定　　价：43.00 元

凡所购买电子工业出版社图书有缺损问题，请向购买书店调换。若书店售缺，请与本社发行部联系，联系及邮购电话：（010）88254888，88258888。
质量投诉请发邮件至 zlts@phei.com.cn，盗版侵权举报请发邮件至 dbqq@phei.com.cn。
本书咨询联系方式：（010）88254570。

前 言

计算机技术作为当今世界发展最快、应用最广泛的科学技术，其应用已渗透到人们生活和工作的各个领域，并且正发挥着越来越重要的作用。掌握计算机基础知识已成为当代人的普遍需求，操作、使用计算机已经成为社会各行各业劳动者必备的技能。

目前，用于高职计算机基础教育的教材繁多，但大多存在以下问题：一是过多注重对知识点和操作方法的陈述，而对知识的实际应用和学生技能训练没有引起足够重视，不能激发学生的学习兴趣，影响学习效果；二是对于自动生成目录、表格中的各种数据处理技巧、组建家庭和办公网络实现资源共享等很多简单易学的实用技术基本不涉及；三是不能很好地适应各类专业和不同基础学生的需求；四是不能很好地满足计算机技能等级考试的需要。因此，我们组织了一批长期从事计算机应用基础教学的教师编写了本书，力求体现以下几个特色：

（1）项目引导，任务驱动。从项目入手，引出问题，提出任务。让读者带着问题和任务主动去学习，强化技能训练，从而达到提高学习兴趣、增强学习效果的目的。

（2）便于教学，适用性好。精选经典案例和习题，知识点广而不泛，深入浅出。既便于教师组织教学，又方便学生自学，同时还能满足各类学生的不同需求。

（3）内容新颖，实用性强。增加了自动生成目录、跨页表格设置、表格中的各种数据处理技巧、组建家庭和办公网络实现资源共享等很多实用技术。通过对本书的学习，可解决很多工作、生活中经常遇到的实际问题。

本书由湖南水利水电职业技术学院计算机教研室洪钟和湖南理工职业技术学院文其知副教授担任主编，由湖南水利水电职业技术学院的伍守意副教授主审。其中，项目1和项目4由湖南水利水电职业技术学院的洪钟编写，项目2和项目6由湖南理工职业技术学院的文其知编写，项目5由湖南水利水电职业技术学院的潘彪编写，项目7由湖南水利水电职业技术学院的肖爽编写，项目3由湖南理工职业技术学院的刘晴晖编写，项目8由湖南理工职业技术学院的曾麒编写，此外，参加本书编写的还有刘兰艳、唐姗、黄颖杰、张秋良、胡幸哲等。

为了方便教师教学，本书配有电子教学课件，请有此需要的教师登录华信教育资源网（www.hxedu.com.cn）注册后免费进行下载。如有问题，可在网站留言板留言或与电子工业出版社联系（E-mail：hxedu@phei.com.cn）。

由于编者的水平有限，加之编写时间仓促，书中难免有错误和不妥之处，恳请各位读者和专家给予批评指正。

编 者

目 录

项目 1 计算机基础知识 ... 1

任务 1.1 计算机概述 ... 2
- 1.1.1 计算机的发展简史 ... 2
- 1.1.2 计算机系统结构 ... 4

任务 1.2 如何选购计算机 ... 11
- 1.2.1 品牌机和组装机 ... 11
- 1.2.2 选购部件 ... 12
- 1.2.3 选购笔记本 ... 16

任务 1.3 组装计算机 ... 17
- 1.3.1 安装准备 ... 17
- 1.3.2 安装 CPU ... 18
- 1.3.3 安装散热器 ... 18
- 1.3.4 安装内存 ... 19
- 1.3.5 将主板安装固定到机箱中 ... 19
- 1.3.6 安装硬盘 ... 19
- 1.3.7 安装外设 ... 19
- 1.3.8 安装显卡，连接各类线缆 ... 20

项目综合实训：模拟自助装机 ... 21
项目总结 ... 22

项目 2 Windows 7 系统操作与管理 ... 23

任务 2.1 系统安装 ... 24
- 2.1.1 Windows 7 简介 ... 24
- 2.1.2 Windows 7 安装 ... 24

任务 2.2 Windows 7 桌面操作 ... 28
- 2.2.1 Windows 7 启动、退出 ... 28
- 2.2.2 Windows 7 桌面的组成 ... 29
- 2.2.3 Windows 7 桌面设置 ... 31
- 2.2.4 Windows 7 桌面小工具设置 ... 31

任务 2.3 窗口中的文件、文件夹操作 ... 34
- 2.3.1 窗口基本操作 ... 34
- 2.3.2 文件系统 ... 36

	2.3.3 文件（夹）操作	37
任务 2.4	系统优化设置	42
	2.4.1 屏幕设置	42
	2.4.2 调整日期和时间	44
	2.4.3 账户设置	45
	2.4.4 声音设置	48
	2.4.5 添加/删除程序	49
任务 2.5	系统备份与恢复	51
	2.5.1 Windows 7 备份系统	51
	2.5.2 Windows 7 还原系统	53
项目综合实训		54
项目总结		54

项目 3 网络互联与信息交流 ... 55

任务 3.1	计算机网络基础	56
	3.1.1 网络基础知识	56
	3.1.2 Internet	57
	3.1.3 局域网连接设置	60
	3.1.4 连接互联网	60
	3.1.5 网络资源共享	62
任务 3.2	小型局域网络的连接	64
	3.2.1 小型有线局域网络连接的操作步骤	65
	3.2.2 小型无线局域网络的连接	66
任务 3.3	"世界大学城"职教新干线平台建设	68
	3.3.1 如何登录"世界大学城"	68
	3.3.2 如何推荐视频在"我的空间主页"播放	68
	3.3.3 如何上传照片	69
	3.3.4 如何显示、隐藏固定栏目，如何建立自创栏目	70
	3.3.5 如何在自己的空间上传视频	73
	3.3.6 Word 文章与课件如何发表	74
	3.3.7 如何将 Word、Excel 课件转换成 SWF 格式再上传	75
	3.3.8 空间装扮	77
	3.3.9 好友管理	78
项目综合实训		81
项目总结		82

项目 4 文字排版处理（Word 2010） ... 83

任务 4.1	会议通知制作	84
	4.1.1 样文展示及分析	84

目录

  4.1.2 创建工作文档 ·················· 85
  4.1.3 字体格式设置 ·················· 89
  4.1.4 段落格式设置 ·················· 92
  4.1.5 查找与替换 ···················· 96
  4.1.6 项目符号与编号 ················ 99
  4.1.7 美化版面 ····················· 104
  4.1.8 页面设置与打印 ··············· 105
  4.1.9 应用拓展 ····················· 107
 任务 4.2 个人简历制作 ··························· 108
  4.2.1 样文展示及分析 ··············· 108
  4.2.2 插入艺术字 ··················· 109
  4.2.3 插入图片 ····················· 111
  4.2.4 文本框 ······················· 114
  4.2.5 表格制作 ····················· 117
  4.2.6 创建用户自定义模板 ·········· 129
  4.2.7 应用拓展 ····················· 130
 任务 4.3 水利工程项目标书制作 ················· 132
  4.3.1 样文展示及分析 ··············· 132
  4.3.2 创建文档目录 ················· 133
  4.3.3 插入分节符 ··················· 134
  4.3.4 设置页眉与页脚 ··············· 135
  4.3.5 跨页表格 ····················· 137
  4.3.6 应用拓展 ····················· 138
 项目综合实训 ···································· 138
 项目总结 ·· 139

项目 5 电子表格数据处理（Excel 2010） ······· 140

 任务 5.1 "长沙县战备水库形式评审表"的制作 ···· 141
  5.1.1 样文展示及分析 ··············· 141
  5.1.2 Excel 2010 工作簿的基本操作 ··· 141
  5.1.3 Excel 2010 工作表的基本操作 ··· 148
  5.1.4 单元格的基本操作 ············ 153
  5.1.5 文本输入 ····················· 162
  5.1.6 常见的单元格数据类型 ······· 165
  5.1.7 快速填充表格数据 ············ 167
  5.1.8 查找和替换 ··················· 169
  5.1.9 设置对齐方式 ················· 171
  5.1.10 设置文本区域边框线 ········ 172
  5.1.11 快速设置表格样式 ·········· 175

任务 5.2	"长沙县战备水库详细评审标准"表的计算	179
5.2.1	样文展示及分析	179
5.2.2	单元格引用	181
5.2.3	公式的应用	185
5.2.4	函数的输入与修改	187

任务 5.3 "长沙市宏达建材公司总销售订单表"数据统计 ·············· 190
 5.3.1 样文展示及分析 ·············· 191
 5.3.2 Excel 2010 数据管理和分析 ·············· 192
 5.3.3 数据排序 ·············· 193
 5.3.4 数据的分类汇总 ·············· 194
 5.3.5 数据的合并计算 ·············· 195
 5.3.6 条件格式的使用 ·············· 196
 5.3.7 数据的筛选 ·············· 197
 5.3.8 数据透视表 ·············· 199
 5.3.9 常用图表的应用 ·············· 200

任务 5.4 拓展练习与综合实训 ·············· 203
 5.4.1 实训练习 ·············· 203
 5.4.2 综合实训一：对某小流域地类分类表进行数据管理与分析 ·············· 207
 5.4.3 综合实训二：商品进价售价明细表计算与统计 ·············· 210

项目 6 演示文稿制作（PowerPoint 2010） ·············· 212

任务 6.1 PowerPoint 2010 的工作界面 ·············· 213
任务 6.2 会议议程展示文稿的制作 ·············· 215
 6.2.1 样文展示 ·············· 215
 6.2.2 创建演示文稿 ·············· 216
 6.2.3 编辑图文资料 ·············· 217
 6.2.4 插入表格 ·············· 218

任务 6.3 "计算机硬件的组成"演示文稿制作 ·············· 219
 6.3.1 样文展示 ·············· 219
 6.3.2 幻灯片母版编辑 ·············· 220
 6.3.3 微机硬件组成幻灯片制作 ·············· 221
 6.3.4 超链接设置与动作按钮 ·············· 223
 6.3.5 幻灯片的切换方式设置 ·············· 224
 6.3.6 演示文稿的放映 ·············· 225

任务 6.4 制作公司宣传片 ·············· 227
 6.4.1 样文展示 ·············· 227
 6.4.2 插入艺术字 ·············· 227
 6.4.3 设置幻灯片背景 ·············· 228
 6.4.4 插入组织结构图 ·············· 229
 6.4.5 插入数据图表 ·············· 230

		6.4.6 添加页眉页脚	231
	项目综合实训		231
	项目总结		231

项目 7　Office 组件间的综合应用 ··· 232

任务 7.1　Word 2010 与 Excel 2010 之间的协作应用 ························· 233
  7.1.1　在 Word 中创建 Excel 表格 ······································ 233
  7.1.2　在 Word 中调用 Excel 表格 ······································ 234

任务 7.2　Word 2010 与 PowerPoint 2010 之间的协作应用 ··················· 235
  7.2.1　在 Word 中调用 PowerPoint 演示文稿 ························· 235
  7.2.2　在 Word 中调用单张幻灯片 ····································· 236

任务 7.3　Excel 2010 与 PowerPoint 2010 之间的协作应用 ··················· 237
  7.3.1　在 PowerPoint 中使用 Excel 工作表 ····························· 237
  7.3.2　在 PowerPoint 中使用 Excel 图表 ······························· 238

任务 7.4　应用 Word 2010、Excel 2010 和 PowerPoint 2010 制作营销会议 PPT ········ 239
  7.4.1　在 Word 中快速编辑演示文本内容 ····························· 239
  7.4.2　在 Excel 中制作报表数据 ·· 239
  7.4.3　将 Word 文本内容移至 PowerPoint ······························ 241
  7.4.4　导入 Excel 报表至 PowerPoint ···································· 242
  7.4.5　为 PowerPoint 2010 制作动画 ····································· 243

任务 7.5　办公软件与其他软件之间的协作应用 ································· 244
  7.5.1　Word 与 AutoCAD 间的协作应用 ································ 244
  7.5.2　Excel 与 AutoCAD 间的协作应用 ································ 244

项目综合实训 ·· 245
项目总结 ·· 253

项目 8　系统维护和常用工具软件 ··· 254

任务 8.1　计算机维修的基本原则、方法和步骤 ································· 255
  8.1.1　计算机正常使用环境 ·· 255
  8.1.2　进行计算机维修应遵循的基本原则 ····························· 256
  8.1.3　计算机维修的基本方法 ··· 257
  8.1.4　计算机维修步骤 ·· 260

任务 8.2　常用工具软件的使用 ··· 262
  8.2.1　压缩软件 ··· 262
  8.2.2　图像编辑软件 ACDSee 10 软件 ·································· 266

项目综合实训 ·· 271
项目总结 ·· 272

项目 1

计算机基础知识

本项目学习计算机基础知识。计算机作为现代文明的一个重要标志。作为刚刚踏进大学校门的 21 世纪大学生,计算机必将成为学生日常学习、工作、生活中不可缺少的工具之一。

知识目标

- 了解计算机的历史、发展、特点、分类及应用。
- 了解计算机的工作原理及系统结构。
- 了解计算机硬件性能。
- 了解计算机选购、组装流程。

能力目标

能够正确识别计算机硬件设备;掌握选购配件方法,熟练完成计算机硬件系统组装全流程操作。

工作场景

在计算机卖场选购计算机。
办公室个人计算机组装调试。

任务 1.1　计算机概述

　　计算机（Computer）俗称计算机，是一种用于高速计算的电子计算机器，可以进行数值计算，也可以进行逻辑计算，还具有存储记忆功能，是能够按照程序运行，自动、高速处理海量数据的现代化智能电子设备。通过本任务学习计算机的概述来了解它历史、分类、发展趋势，掌握其工作原理。

1.1.1　计算机的发展简史

1. 计算机的产生

　　世界上第一台电子计算机其实是 ABC（Atanasoff-Berry Computer）阿塔纳索夫·贝瑞计算机。但最出名却是 ENIAC（Electronic Numerical Integrator And Computer），中文名"埃尼阿克"，是电子数字积分计算机的简称。它于 1946 年 2 月 14 日在美国宣告诞生。承担开发任务的"莫尔小组"由四位科学家和工程师埃克特、莫克利、戈尔斯坦、博克斯组成，总工程师埃克特在当时年仅 24 岁。ENIAC 长 30.48m，宽 1m，占地面积约 170m²，30 个操作台，重达 30 吨，耗电量 150kW，造价 48 万美元。它包含了 17468 真空管、7200 水晶二极管、1500 中转、70000 电阻器、10000 电容器、1500 继电器、6000 多个开关，每秒执行 5000 次加法或 400 次乘法，是继电器计算机的 1000 倍、手工计算的 20 万倍，如图 1-1 所示。

图 1-1　ENIAC

2. 计算机的发展

　　根据计算机所采用的逻辑元件（电子器件）不同，计算机发展过程可以分为以下几个阶段。
　　第一代（1946—1957 年），电子管计算机：基本逻辑电路由电子管组成，结构上以 CPU 为中心，使用机器语言，速度慢，存储量小，主要用于数值计算。
　　第二代（1957—1964 年），晶体管计算机：基本逻辑电路由晶体管电子元件组成，结构上以存储器为中心，使用高级语言，应用范围扩大到数据处理和工业控制。
　　第三代（1964—1970 年），中小规模集成电路计算机：基本逻辑电路由中小规模集成电路组成，结构上仍以存储器为中心，增加了多种外部设备，软件得到进一步发展，计算机处理图像、文字和资料功能加强。

第四代（1971年以后），大规模、超大规模集成电路计算机：采用大规模、超大规模集成电路构成逻辑电路，该阶段计算机应用更加广泛，出现了微型计算机。

第五代计算机，正在研制中的新型电子计算机。用超大规模集成电路和其他新型物理元件组成，具有推论、联想、智能会话等功能，并能直接处理声音、文字、图像等信息。

3．计算机的工作特点

计算机是一种可以自动控制、具有记忆功能的现代化计算工具和信息处理工具。它主要有以下几个特点。

（1）运算速度快。计算机的运算速度（也称为处理速度）用MIPS（Million Instructions Per Second，百万条指令/秒）来衡量。现代的个人计算机速度在几百至几千 MIPS 以上，巨型计算机的速度更快。计算机如此高的运算速度是其他任何计算工具无法比的，它使得过去需要几年甚至几十年才能完成的复杂运算任务，现在只需几天、几小时，甚至更短的时间就可完成。

（2）计算精度高。一般来说，现在的计算机有几十位有效数字，理论上还可以更高。因为数在计算机内部是用二进制数编码的，数的精度主要由这个数的二进制码的位数决定，可以通过增加数的二进制位数来提高精度，位数越多精度就越高。

（3）记忆力强。计算机的存储器类似于人的大脑，可以"记忆"（存储）大量的数据和信息，在计算的同时，还可以把中间结果存储起来，供以后使用。

（4）具有逻辑判断能力。计算机在程序的执行过程中，会根据上一步的执行结果，运用逻辑判断方法自动确定下一步的执行命令。正是因为计算机具有这种逻辑判断能力，使得计算机不仅能解决数值计算问题，而且能解决非数值计算问题，如天气预报、信息检索、图像识别等。

（5）可靠性高、通用性强。由于采用了大规模和超大规模集成电路，现在的计算机具有非常高的可靠性。现代计算机不仅可以用于数值计算，还可以用于数据处理、工业控制、辅助设计、辅助制造、办公自动化等领域，具有很强的通用性。

4．计算机的应用领域

计算机应用领域主要有如下几个方面。

（1）科学和工程计算领域。以数值计算为主要内容，数值计算要求计算速度快、精确度高、差错率低。主要应用于天文、水利、气象、地质、医疗、军事、航天航空、生物工程等科学研究领域。如卫星轨道计算、数值天气预报、力学计算等。

（2）数据处理领域。以数据的收集、分类、统计、分析、综合、检索、传递为主要内容。主要应用于政府、金融、保险、商业、情报、地质、企业等领域。如银行业务处理、股市行情分析、商业销售业务、情报检索、电子数据交换、地震资料处理、人口普查、企业管理等。

（3）办公自动化领域。以办公事务处理为主要内容。主要应用于政府机关、企业、学校、医院等一切有办公机构的地方。如起草公文、报告、信函、报表制作、文件的收发、备份、存档、查找、活动的时间安排、大事记的记录、人员动向、简单的计算、统计、内部和外部的交往等。

（4）自动控制领域。以自动控制生产过程、实时过程、军事项目为主要内容。主要用于工业企业、军事、娱乐等领域。如化工生产过程控制、炼钢过程控制、机械切削过程控制、防空设施控制、航天器的控制、音乐喷泉的控制等。

（5）计算机辅助领域。以在工程设计、生产制造等领域辅助进行数值计算、数据处理、自动绘图、活动模拟等为主要内容。主要用于工程设计、教学和生产领域。如辅助设计（CAD）、辅助制造（CAM）、辅助教学（CAI）、辅助工程（CAE）、辅助检测（CAT）等。特别是近年来的CIMS，集成了CAD、CAM、MIS，应用到工厂中实现了生产自动化。

（6）人工智能领域。以模拟人的智能活动、逻辑推理和知识学习为主要内容。主要应用于机器人的研究、专家系统等领域。如自然语言理解、定理的机器证明、自动翻译、图像识别、声音识别、环境适应、计算机医生等。

（7）文化娱乐领域。以计算机音乐、影视、游戏为主要内容，如家庭影院等。另外，计算机在电子商务、电子政务等应用领域也得到了快速的发展。网上办公、网上购物已不再是陌生的话题，这些应用都极大地方便了人们工作和生活，一种崭新的生活、工作模式正在兴起。

5．计算机的发展前景

随着计算机芯片的集成度越来越高，元器件的微型化使得集成电路技术已临近其极限，因此必须寻求一种新的材料和工艺取而代之。未来计算机的发展主要有生物计算机、光子计算机和量子计算机3种类型，下面分别进行介绍。

（1）生物计算机。生物计算机通过模仿生命机体的运转规律，利用生物细胞的活动机理和神经元的奇妙联系让计算机能自行思考，从而具有相当程度的智能活动。生物计算机被称为继超大规模集成电路之后的第五代计算机。

（2）光子计算机。光子计算机是利用光子取代电子、光互联代替导线互联的全光子数字计算机。在光子计算机中，不同波长的光代表不同的数据，利用光子进行数据运算、传输和存储。

（3）量子计算机。量子力学和计算机这两个看似不相干的理论，结合后却产生了一门也许会从根本上影响人类未来发展的新兴学科，它就是量子信息学。

6．计算机的多种分类

（1）按处理数据的形态分类

按照数据信息在计算机内的表示形式是模拟形式还是数字形式来划分，计算机可以分成模拟计算机、数字计算机。

（2）按性能分类

按计算机的性能来划分，计算机可以分成巨型、大型、中型、小型和微型等计算机。

（3）按计算机的设计目的分类

按计算机的设计目的来划分，计算机可分为通用计算机和专用计算机。通用计算机是用于解决各类问题的计算机，它既可以进行科学计算，又可以用于数据处理等。专用计算机是主要为某种特定目的而设计的计算机，如用于工业控制、数控机床和银行存款等的计算机。

1.1.2 计算机系统结构

1．计算机的工作原理

经过了半个多世纪的发展，计算机已经拥有了一个庞大的家族，尽管各种各类的计算机在性能、结构、应用领域等方面存在差别，但是它们的工作原理依然沿用着20世纪30年代中期，德国科学家冯·诺依曼提出的模型。它规定计算机必须具备五大基本组成部件，包括输入数据和程序的输入设备、记忆程序和数据的存储器、完成数据加工处理的运算器、控制程序执行的控制器、输出处理结果的输出设备，如图1-2所示。

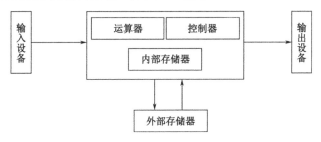

图1-2 冯·诺依曼体系结构

2. 计算机的体系结构

计算机系统由硬件系统和软件系统两部分组成。硬件是物质基础，是软件的载体，两者相辅相成，缺一不可。计算机系统结构如图1-3所示。

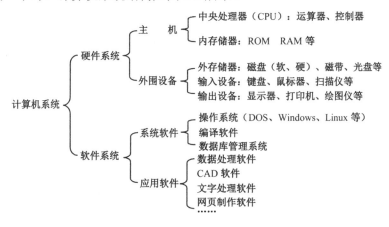

图1-3 计算机系统

一个完整的计算机系统是由硬件系统和软件系统两部分组成的。硬件系统是组成计算机系统的各种物理设备的总称，是计算机系统的物质基础，软件系统是载体。

硬件系统通常指机器的物理系统，是看得见、摸得着的物理器件，它包括计算机主机及其外围设备。

软件系统通常又称为程序系统，它包括程序本身和运行程序时所需要的数据或相关的文档资料。

3. 硬件系统与软件系统之间的关系

计算机系统包括硬件和软件两部分。软件系统是在硬件系统的基础上为有效地使用计算机而配置的，一台没有安装任何软件的计算机称为裸机，裸机是不能解决任何问题，仅当装入并且运行一定的软件时,计算机才能发挥它强大的作用,这时的计算机才真正成为计算机系统。

操作系统是直接控制和管理硬件的系统软件，它向下控制硬件系统，向上支持各种软件，所有其他软件都必须在操作系统支持下才能运行，操作系统是用户与计算机的接口。在操作系统之上分别是各种语言处理程序、用户使用的应用程序。计算机系统的软、硬件系统层次关系

图 1-4　计算机系统的软硬件系统层次

如图 1-4 所示。

4．计算机中的数据与编码

在计算机内部，一切数据都用二进制数的编码来表示。为了衡量计算机中数据的量，人们规定了一些二进制数的常用单位，如位、字节、字等。

（1）位。位是二进制数中的一个数位，可以是"0"或"1"。它是计算机中数据的最小单位，称为比特（bit）。

（2）字节。字节由 8 个位组成，可代表一个字符（A～Z）、数字（0～9）或符号（，.?!%&+-*/），是内存存储数据的基本单位。在书写时，常将字节英文单词 Byte 简写成 B，这样 1B=8b。

常用的单位还有 KB（千字节）、MB（兆字节）、GB（千兆字节）等，它们与字节的关系是：

$$1KB=2^{10}B=1024B$$
$$1MB=2^{20}B=1024KB$$
$$1GB=2^{30}B=1024MB$$

（3）字。计算机一次能作为一个整体处理的最大一组二进制数，称为字；这组二进制数的位数称为字长。字长取决于计算机的内部结构，一般都为 8 的整数倍。常见的微型计算机的字长有 8 位、16 位、32 位和 64 位等。字长越长，计算机的运算速度和计算精度越高。

5．数制及其转换

在日常生活中，人们大量使用着各种不同的进制，如最普通的十进制，还有六十进制（如分秒的计算）、十二进制（如 12 个月为一年）等。但在计算机内部，不管什么样的数据信息都使用二进制编码的形式来表示。因为二进制只有两个基本数码 0 和 1，所以电子电路实现起来最为容易。

1）进位计数制的基本概念

用数字符号排列成数位，按由低位到高位的进位方式来表示数的方法称为进位计数制，也称为计数制或进位制。

无论使用何种进制，它们都包括两个要素：基数和位权。

（1）基数。进位计数制允许选用的基本数字符号个数称为基数。在基数为 J 的进位计数制中，包含 J 个不同的数字符号，每个数位计满 J 后就向高位进 1，也就是"逢 J 进 1"。如最常用的十进制数，使用 0、1、2、3、4、5、6、7、8、9 共 10 个不同数字来表示所有数，则基数为 10，每位满 10 则向高位进 1。

（2）位权。一个数字符号处在数的不同位时，它所代表的数值是不同的。每个数字符号所表示的数值等于该数字符号乘以一个与数码所在位置有关的常数，这个常数就称为位权，也称为权。位权的大小是以基数为底，数字符号所在位置的序号为指数的整数次幂。

例 1-1　用位权和基数表示十进制数 226.18。

$$226.18=2\times10^2+2\times10^1+6\times10^0+1\times10^{-1}+8\times10^{-2}$$

式中，10^2、10^1、10^0、10^{-1}、10^{-2} 等即为每位的位权，每一位的数码与该位权的乘积就是该位权的数值。

任何一种数制表示的数都可以写成按位权展开的多项式之和，用公式表示如下。

整数部分:
$$(D_nD_{n-1}\cdots D_3D_2D_1)_2 = D_n\times 2^{n-1}+D_{n-1}\times 2^{n-2}+\cdots+D_3\times 2^2+D_2\times 2^1+D_1\times 2^0$$
其中,D_i=0 或 1,n 为 0 或 1 所在二进制数中的位数。

小数部分:
$$(D_1D_2\cdots D_{m-1}D_m)_2 = D_1\times 2^{-1}+D_2\times 2^{-2}+\cdots+D_{m-1}\times 2^{-(m-1)}+D_m\times 2^{-m}$$
其中,D_i = 0 或 1,m 为 0 或 1 所在二进制中的位数。

2)计算机常用的进位计数制

计算机能够直接识别的是二进制数。这就使得它所处理的数字信息,是以 1 和 0 组成的二进制数的某种编码。

由于进制在表达一个数字时,存在位数太长,不易识别等缺陷,所以经常采用对应的十六进制数或八进制数,也经常采用十进制数。因此,在计算机内部根据情况必须要进行二、八、十、十六进制数的转换。表 1-1 给出了常用计数制的基数和数码,表 1-2 给出了常用计数制的表示方法。

表 1-1 常用计数制的基数和数码

数 制	基 数	数 码
二进制	2	0 1
八进制	8	0 1 2 3 4 5 6 7
十进制	10	0 1 2 3 4 5 6 7 8 9
十六进制	16	0 1 2 3 4 5 6 7 8 9 A B C D E F

表 1-2 常用计数制的表示方法

十进制数	二进制数	八进制数	十六进制数
0	0	0	0
1	1	1	1
2	10	2	2
3	11	3	3
4	100	4	4
5	101	5	5
6	110	6	6
7	111	7	7
8	1000	10	8
9	1001	11	9
10	1010	12	A
11	1011	13	B
12	1100	14	C
13	1101	15	D
14	1110	16	E
15	1111	17	F
16	10000	18	10

3）书写规则

为了区分各种计数制的数，常采用如下方法。

（1）在数字后面加写相应的英文字母作为标识。

B（Binary）——表示二进制数。二进制数的 100 可写成 100B。

O（Octonary）——表示八进制数。八进制数的 100 可写成 100O。

D（Decimal）——表示十进制数。十进制数的 100 可写成 100D。一般约定 D 可省略，即无后缀的数字为十进制数字。

H（Hexadecimal）——表示十六进制数，十六进制数 100 可写成 100H。

（2）在括号外面加数字下标。

$(1001)_2$——表示二进制数的 1001。

$(9875)_8$——表示八进制数的 9875。

$(5423)_{10}$——表示十进制数的 5423。

$(6ED8)_{16}$——表示十六进制数的 6ED8。

4）不同进制之间的转换

数据是计算机处理的对象，在计算机中，各种信息都必须经过数字化编码后才能被传送、存储和处理，由于技术的原因，计算机内部一律采用二进制编码形式，而人们经常使用十进制，有时还采用八进制和十六进制，所以有必要了解这些不同计数制及相互之间转换的方法。

（1）十进制数转换成二进制数。

十进制数转换成二进制数分两种情况进行：整数部分和小数部分，具体规则如下。

① 整数部分，除 2 取余，直到商为 0；先取的余数在低位，后取的余数在高位。

② 小数部分，乘 2 取整，直到值为 0 或达到精度要求，先取的整数在高位，后取的整数在低位。

例 1-2 将十进制数 215.75 转换为等值的二进制数。

将 215.75 整数部分和小数部分分开处理。

解：对整数部分转换：

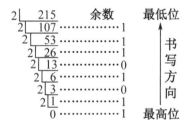

即 $(215)_{10}=(11010111)_2$

对小数部分，乘 2 取整法：

即 $(0.75)_{10}=(0.101)_2$

所以 $(215.75)_{10}=(11010111.101)_2$

（2）二进制数转换成十进制数。

二进制数转换成十进制数,只需以 2 为基数,按权展开求和即可。

例 1-3　将二进制数(101101.101)$_2$转换成十进制数。

$(101101.101)_2 = 1×2^5+0×2^4+1×2^3+1×2^2+0×2^1+1×2^0+1×2^{-1}+0×2^{-2}+1×2^{-3}$

$= 2^5+2^3+2^2+2^0+2^{-1}+2^{-3}$

$= 45.625$

(3)二进制数转换成八进制数和十六进制数。

二进制数转换成八进制数的方法如下所述。

① 整数部分:从低位向高位每 3 位为一组,高位不足三位用 0 补足三位,然后每组分别按权展开求和即可。

② 小数部分:从高位向低位每三位一组,低位不足三位用 0 补足三位,然后每组分别按权展开求和即可。

二进制数转换成十六进制数的方法如下所述。

③ 整数部分:从低位向高位每四位一组,高位不足四位用 0 补足四位,然后每组分别按权展开求和即可。

④ 小数部分:从高位向低位每四位一组,低位不足四位用 0 补足四位,然后每组分别按权展开求和即可。

(4)八进制数和十六进制数转换成二进制数。

八进制数和十六进制数转换成二进制数的方法是:将八进制数(或十六进制数)的每一位用相应的三位(或四位)二进制数代替即可。

5)非数值信息编码

字符是计算机中使用最多的信息形式之一,它是人与计算机进行通信、交互的重要媒介。它包括了西文字符和中文字符。由于计算机是以二进制的形式存储和处理的,因此字符也必须按照特定的规则进行二进制编码才能进入计算机。

(1)西文字符。对西文字符编码最常用的是 ASCII(American Standard Code for Information Interchange,美国信息交换标准代码)。ASCII 用 7 位二进制编码,它可以表示 2^7 即 128 个字符,如表 1-3 所示。每个字符用 7 位基 2 码表示,其排列次序为 $d_6d_5d_4d_3d_2d_1d_0$,d_6 为最高位,d_0 为最低位。

表 1-3　7 位 ASCII 代码表

$d_6d_5d_4$ / $d_3d_2d_1d_0$	000	001	010	011	100	101	110	111
0000	NUL	DLE	SP	0	@	P	`	p
0001	SOH	DC1	!	1	A	Q	a	q
0010	STX	DC2	"	2	B	R	b	r
0011	ETX	DC3	#	3	C	S	c	s
0100	EOT	DC4	$	4	D	T	d	t
0101	END	NAK	%	5	E	U	e	u
0110	ACK	SYN	&	6	F	V	f	v
0111	BEL	ETB	,	7	G	W	g	w
1000	BS	CAN	(	8	H	X	h	x
1001	HT	EM	)	9	I	Y	i	y

续表

$d_3d_2d_1d_0$ \ $d_6d_5d_4$	000	001	010	011	100	101	110	111
1010	LF	SUB	*	:	J	Z	j	z
1011	VT	ESC	+	;	K	[	k	{
1100	FF	FS	'	<	L	\	l	|
1101	CR	GS	-	=	M	]	m	}
1110	SO	RS	.	>	N	↑	n	~
1111	SI	US	/	?	O	↓	o	DEL

其中常用的控制字符的作用如下。

BS（Back Space）：退格　　　HT（Horizontal Table）：水平制表
LF（Line Feed）：换行　　　　VT（Vertical Table）：垂直制表
FF（Form Feed）：换页　　　　CR（Carriage Return）：回车
CAN（Cancel）：取消　　　　　ESC（Escape）：换码
SP（Space）：空格　　　　　　DEL（Delete）：删除

在 ASCII 码表中，十进制码值 0~32 和 127（即 NUL~SP 和 DEL）共 34 个字符，称为非图形字符（控制符）；其余 94 个字符称为图形字符。

计算机的内部存储与操作以字节为单位，即以 8 个二进制位为单位。因此，一个字符在机算机内实际是用 8 位表示。正常情况下，最高位 d_7 为 0。在需要奇偶校验时，这一位可用于存放奇偶校验位的值，此时称该位为校验位。

西文字符除了常用的 ASCII 编码外，还有一种扩展的二-十进制交换码（Extended Binary Coded Decimal Interchange Code，EBCDIC），这种字符编码主要用在大型机器中。EBCDIC 码采用 8 位基 2 码表示，有 256 个编码状态，但往往只选用其中一部分。

（2）中文字符。用计算机处理汉字时，必须先将汉字代码化。汉字是象形文字，种类繁多，编码比较困难，而且在一个汉字处理系统中，输入、内部处理、输出对汉字编码的要求不尽相同，因此要进行一系列的汉字编码及转换。汉字信息处理中各编码及流程如图 1-5 所示，其中虚框中的编码对国标码而言。

图 1-5　汉字信息处理系统的模型

① 汉字输入码。在计算机系统中使用汉字，首先遇到的问题是如何把汉字输入到计算机内。为了能直接使用西文标准键盘进行输入，必须为汉字设计相应的编码方法。汉字编码方法主要分为三类：数字编码、拼音码和字形编码。

数字编码就是用数字串代表一个汉字的输入，常用的是国标区位码。国标区位码根据国家标准局公布的 6763 个两级汉字（一级汉字有 3755 个，按汉语拼音排列；二级汉字有 3008 个，按偏旁部首排列）分成 94 个区，每个区分 94 位，实际上是把汉字表示成二维数组，区码和位码各两位十进制数字，因此，输入一个汉字需要按键 4 次。

拼音码是以汉语读音为基础的输入方法。由于汉字的同音字太多，输入重码率很高，因此，按拼音输入后还必须进行同音字选择，影响了输入速度。

字形编码是以汉字的形状确定的编码。汉字的总数虽多，但都是由一笔一画组成的，全部汉字的部首和笔画是有限的。因此，把汉字的部首和笔画用字母或数字进行编码，按笔画书写的顺序依次输入，就能表示一个汉字。五笔字型、表形码等便是这种编码法。

② 内部码。内部码是字符在设备或信息处理系统内部最基本的表达形式，是在设备和信息处理系统内部存储、处理、传输字符用的代码。一个国标码占两个字节，每个字节最高位仍为0；英文字符的机内码是7位ASCII码，最高位也为0，为了在计算机内部能够区分是汉字编码还是ASCII码，将国标码的每个字节的最高位由0变为1，变换后的国标码成为汉字机内码，由此可知汉字机内码的每个字节都大于128，而每个西文字符的ASCII码值均小于128。以汉字"大"为例，国标码为3473H，机内码为B4F3H。

③ 字形码。汉字字形码是表示汉字字形的字模数据，通常用点阵、矢量函数等方式表示。用点阵表示字形时，汉字字形码指的就是这个汉字字形点阵的代码。根据输出的汉字的要求不同，点阵的多少也不同。简易型汉字为16×16点阵，提高型汉字为24×24点阵、32×32点阵、48×48点阵等。

任务小结

本任务主要通过理论学习，介绍计算机基础知识，希望同学们经过学习了解计算机的过去、现在、未来，理解计算机的工作原理。否则计算机将成为我们身边最熟悉的陌生物件。

任务1.2 如何选购计算机

通过上一个任务的学习，相信同学们已经对计算机有了一个整体的认识。是不是有点迫不及待地想自己拥有一台属于自己的计算机了？接下来的任务就是学习如何购买一台性能优异、价钱合理的计算机。而选购计算机也是作为一种技能，首先大家可以增进一点硬件方面的知识。基础硬件知识是任何一个计算机工作者所必需的技能。

1.2.1 品牌机和组装机

首先大家需要了解的是，买计算机不比买衣服，是需要带着目的去购买的。需要我们先掌握一定的计算机硬件知识，并且需要制定一个配置单。所以我们与其说选购计算机不如说是选择一个配置单。计算机分为品牌机和组装机。

1. 组装机

组装机顾名思义，就是分别购买计算机的各个配件，通过组装而成的计算机。用户根据自己的需求确认配置单，然后在市场中自行购置所需配件自行组装。所以它的特点就是便宜，性能优异。但对用户本身要求有一定的硬件方面的知识和动手能力。

2. 品牌机

品牌机相比优势在于品牌效应。主要体现在，统一的外观，售后服务，品牌增值服务，方便购买者。在品牌的选择方面，应当兼顾性能和品牌。因为如果要求性能优异的话，肯定是组装机更胜一筹。而品牌这方面，主观思想和市场口碑占很大的成分。在购买笔记本、掌上计算机的时候，市场上基本不存在组装机，只能选择品牌机。品牌机选购的时候特别要注意的方面是：售后服务的具体细则，外观，预装的操作系统，付款方式等。

1.2.2 选购部件

第一步确认配置单。配置单是根据预算、用途、特殊要求来制定的。这里先介绍购买一台计算机必须需要哪些部件，然后了解各个部件对计算机性能造成哪些影响，最后探讨不同用途需要哪些不同的配置单。下面将分为三点进行介绍。

1. 关系到性能的配件

关系到性能的配件有 CPU、内存、显卡、硬盘。

（1）CPU：计算机的核心部分，大部分的计算由中央处理器完成，是计算机性能的最重要指标之一。CPU 性能的好坏直接影响计算机的运行速度。CPU 的重要参数一般有主频、前端总线、缓存。关乎 CPU 性能最重要的依据是主频和核心架构。主频就是 CPU 运行的频率，可以很直观地从数值上看出高低。而相比主频而言，更重要的则是核心架构，这项指标无法进行量化，只能通过评测来得出结果。而缓存和前端总线在不同程度上关系到 CPU 的性能。市场上现在主流的 CPU 厂商有 Intel、AMD，如图 1-6 所示。

图 1-6　各种型号的 CPU

（2）内存：内存也是计算机很重要的性能指标之一，内存参数有容量、频率和延迟。其中容量是最重要的指标。假如容量不够，对性能影响很明显，但是超出的部分也不会带来太大的提升。频率是速度，延迟是反应时间。这两项对性能有一定影响。内存的主要品牌有 Kingston（金士顿）、Kingmax（胜创）、Samsung（三星）、Goldstar（金星）、Hyundai（韩国现代）等。主流型号为 DDR2、DDR3，如图 1-7 所示。

图 1-7　各种类型内存条

（3）显卡：显卡依然是作为计算机非常重要的性能配件。它关系到计算机的图形处理能力。而图形处理部分一般出现在游戏程序中,所以能否顺利地运行流畅游戏程序,显卡起到了关键性作用。显卡的重要参数有显存、显示核心、核心构架、显存容量、显存频率、显存位宽、核心频率。其中显存对性能的影响可以类比内存,而显示核心对性能的影响依然可以类比 CPU。初学者习惯用显存的大小来衡量一款显卡的性能优劣,这是一个误区。与 CPU 相同的是,核心架构依然是最重要的指标。与内存和 CPU 不同的是,这里的核心架构起到最主导地位,显存容量、显存频率、显存位宽、核心频率等指标都只能够较小地影响性能。各种类型显卡外形如图 1-8 所示。

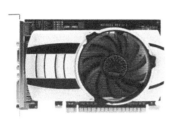 

图 1-8 各种类型显卡

(4)硬盘:用来装数据的仓库。计算机运行程序,需要从硬盘中调用数据,这时候就关系到硬盘的传输速率。硬盘的重要参数有容量、转速、缓存大小、接口类型。这里的容量是最重要的指标,越大的容量就可以装得下更多的数据,这个指标可以根据每个用户不同的需求进行选购。而后面几个参数不同程度地关系到传输速率。主流硬盘现在分为固态硬盘和普通盘式硬盘两种,重视性能的同学可以挑选固态硬盘,其传输速率几乎和内存一致,而对容量要求较高的同学可以选择普通的盘式硬盘。各种类型硬盘外形如图 1-9 所示。

图 1-9 各种类型硬盘

2. 关系到稳定性的配件

关系到稳定性的配件有电源、主板。

(1)电源:电源的好坏直接关系到计算机的稳定性,如图 1-10 所示。好的电源可以让计算机更省电、更稳定、有更长的寿命。电源的重要参数有额定功率、最大功率、转换效率、接口数量和种类。其中额定功率可以说是最重要的指标。

图 1-10 电源

（2）主板：主板是微型计算机中最大的一块集成电路板，是微型计算机中各种设备的连接载体，如图 1-11 所示。微型计算机中通过主板将 CPU 等各种器件和外部设备有机地结合起来，形成一套完整的系统。之所以把主板分类到关系到稳定性的配件中，并不是说主板的好坏不改变计算机的性能，好的主板可以提高计算机传输性能，但是主板的好坏直接关系到计算机的稳定性，计算机中的大部分配件都是连接到主板上的，所以主板的好坏是非常重要的指标。主板的其他性能指标是指各种接口的类型和数量以及主板所支持的技术，一款主板的类型就决定整个计算机的平台。

图 1-11　主板

3．关系到使用舒适度的配件

关系到使用舒适度的配件一般就是指外设，包括机箱、键盘、鼠标、显示器、音箱等，如图 1-12 所示。

图 1-12　各类外设

（1）机箱：一个好的机箱对计算机能够起到保护作用，能够有效地延长计算机的寿命。主要体现在防止变形、散热、抗震。

（2）键盘和鼠标：这个是用户每天使用计算机都必须接触的配件。它们好坏直接决定了使用上的感觉。选择适合个人使用习惯和体形特征的鼠标键盘非常重要。

（3）显示器：显示器的好坏主要体现在尺寸、对比度、相应时间、可视角度、分辨率等几个方面，我们最需要关心的是尺寸和分辨率。分辨率的大小意味着能够显示的内容的多少。挑选显示器更多的还是选择品牌和挑选外观，由于比较主观，推荐到现场看到实物再进行选择。

（4）音箱：音箱作为计算机的组成部分之一，虽然对性能没有任何影响。但是还是推荐购置一款不错的音箱。在大学宿舍一个房间多台计算机的情况下，固然配上音箱是一个不错的选择，如果每台计算机都用音箱播放各自的音乐，那样的场景大家可以想象，必然是谁都听不清楚的。

接下来介绍该如何确定配置（表1-4），以及我们需要了解哪些知识。

表1-4 配置分析

基本需求	备选选项	各类选项对应处理办法补充
预算	1. 填写具体金额 2. 留有一定的浮动空间 3. 能满足用途即可	按需设置，不花冤枉钱
所需配件	1. 整机 2. 主机（请说明显示器的尺寸、类型） 3. 升级（请在备注栏中说明目前配置） 4. 零配件（请标注完整型号）	
应用领域	1. 普通、家用 2. 公司、商用 3. 网吧、公用	根据使用领域的不同在外设上的选择会有一些不同，例如网吧就没有必要使用很好的外设。公司就应该注重外观的庄重程度
使用者性别 使用者喜好	1. 男 2. 女 3. 使用习惯 4. 喜好	根据使用者性别的不同，做出颜色以及一些外设外观的选择。还有就是男女使用习惯上的不同。例如在鼠标的选择上，如果是女生使用就不可以配太大的鼠标
预计使用年限	1年、3年、5年及以上	根据使用年限的不同选择不同质量的产品
超频的要求	1. 需要超频 2. 不会超频但有超频的想法 3. 不超频	根据是否需要超频，来选择主板、电源，以及是否需要搭配额外散热设备
购买地区	1. 学校附近大卖场 2. 网购	根据不同区域价格上的差异，才好根据预算写出不同的配置
备注		特殊要求在这里提出
主要用途（除上网、看电影以外）	备选选项	各类选项对应处理办法补充
游戏类（多选，可补充）	1. 顶级画质游戏（孤岛危机、辐射三、侠盗车手四、刺客信条、孤岛惊魂二、失落星球等） 2. 普通高画质游戏（极品飞车系列、使命召唤系列、波斯王子系列、古墓丽影系列、功夫熊猫、战争机器、鹰击长空、鬼泣四、生化奇兵、英雄连、超级房车等） 3. 普通三维游戏（大部分3D网游如魔兽世界、奇迹世界、神泣等、单机真三国无双系列、孢子、仙剑奇侠传四、CS等） 4. 即时战略类（魔兽争霸三、半神、星际争霸二、红色警戒三、冲突世界、命令与征服系列、兄弟连等） 5. 小游戏类（跑跑卡丁车、QQ游戏、粘粘世界等） 6. 无游戏要求	游戏是对计算机硬件要求最高的一项。所以需要玩怎么样的游戏，直接影响到配置该如何安排。性能配件都受到游戏要求的制约。最明显体现在显卡，要玩什么样的游戏就需要什么样的显卡。CPU、内存也和游戏有着密切的关系，但是由于其他类型的要求也需要用到这两项，所以显卡显得尤为关键

续表

基本需求	备选选项	各类选项对应处理办法补充
办公类（多选，可补充）	1. 普通文本图形处理（Word、Excel、WPS、Photoshop、Flash 等） 2. 软件开发（Microsoft Visual Studio、jCreator、Dreamweaver、eclipse 等） 3. 3D 设计（3ds Max、CAD、SolidWorks、SketchUp 等） 4. 数据库（SQL Server、Oracle 10g、DB2、Sybase、Access 等） 5. 视频、音频处理（Super Video、MovieMaker、Premiere Pro 等）	涉及大型程序的开发以及视频音频的大批量处理时，就需要购置一款优秀性能的 CPU，并且需要拥有 4 核心来加快速度。而需要 3D 设置的需求时，这时也需要有一款显卡来支持。最好是拥有一款专业绘图级别显卡
显示器类型尺寸	1. 填写具体尺寸 2. 填写具体产品	注意放置现实的环境要求
硬盘容量大小	1. 填写具体数字 2. 具体硬盘类型	如果有收藏电影、音乐或者要收集大量素材的计算机用户则需要一款大容量的硬盘。但是硬盘是可以随意添加的，在不确定的情况下，选择目前够用的容量即可
静音要求	1. 较静音 2. 无要求	计算机中的风扇还是有一些噪声的，如果对此有特别需求的用户，可以采用水冷，或者无风扇的散热装置
DVD 刻录机	1. 普通 DVD 2. 带刻录功能的 DVD	是否需要刻录功能
音响、鼠标、键盘、摄像头、耳机等需求	1. 填写要求或具体产品 2. 无要求	
品牌产品偏好	1. 填写品牌或具体产品 2. 无偏好	

通过以上准备我相信一定能制定出性价比优秀的配置单。有了配置单同学们就可以对照着去购买各类部件了。

1.2.3 选购笔记本

随着价格的不断下调，笔记本计算机以其可脱离电源使用和随身携带等优点正被大学学生选用。笔记本基本上都是品牌机，大致可分为台式机替代型、主流轻薄型和超轻薄型。台式机替代型一般体积、重量及显示屏较大，接口齐全，可提供强大的数据、图形处理能力；主流轻薄型体积相对较小，一般采用光驱软驱互换的机构；超轻薄型体积小巧，造型时尚，通常以外接的软驱（或优盘）、光驱。

选购笔记本计算机和选购台式计算机一样，主要也是从个人需求出发考虑各个配件的性能。当然笔记本也有其特殊性，相对台式计算机而言用户需要多考虑一下几个方面：

（1）显示屏幕：液晶显示器是笔记本计算机中最为昂贵的一个部件。屏幕的大小主流为 14.1 英寸，也有 15 英寸的，如果用户经常出差的话，建议选择一些超薄、超轻型笔记本，屏幕在 12～13 寸，如果用户是在办公室工作的，不妨选择大一点，这样看起来比较舒适。

（2）电池和电源适配器：尽可能选购锂电池，而对于电源适配器 AC Adapter，在选购时要应该注意在长时间工作以后，如果温度太高就不正常。

（3）网络功能：近来的新款笔记本计算机，把网络功能列为标配了：包括 56K bps 调制解调器（MODEM），以及 10/100M bps 的以太网网卡。如果是选购的，建议加装，因为 MODEM 上网对笔记本计算机来说还是很方便的，而网卡可以方便地连上局域网，或者是 Internet。

（4）扩充性：应充分考虑产品的扩充性能和可升级性。使用最频繁的 USB 接口，有多个，可以很轻易地接上数字相机、扫描仪、鼠标等各种外设。

（5）是否预装操作系统：没有预装操作系统，就是所说的"裸机"。这样对系统的稳定性有一定影响。

（6）品牌：买笔记本计算机最好不要只求便宜，或规格高。品牌保证在购买笔记本计算机时是有意义的，因为一般品牌形象好的公司，通常会在技术及维修服务上有较大的投资，并反映在产品的价格上。此外，在软件以及整体应用的搭配、说明文件、配件等也会较为用心。

任务小结

本任务主要通过介绍计算机各个部件的基本功能、性能指标。让学生对计算机硬件系统有一个充分的理解，并利用介绍的选购技巧选购一台符合自己需求的、好用、实用、够用、耐用的个人计算机。

任务 1.3 组装计算机

完成任务 1.2 后，如果同学们选择购买品牌计算机，那么估计现在那台属于你的计算机已经出现在寝室中了。而那些选择购买组装机的同学们会发现送货员送来的是一个个独立的配件，我们还需要自己将这些配件组装起来。

组装计算机是一门技术。但对于大部分非计算机专业的同学而言，自己动手 DIY 组装一台计算机还是有一定的难度的。其实只要你具备一点硬件常识，胆大心细，通过本任务的学习，应该很快就能掌握方法与要领。

1.3.1 安装准备

（1）组装前的准备：十字螺丝刀、一字螺丝刀、镊子、尖嘴钳子和导热硅脂。

（2）组装注意事项：

① 防止静电：由于我们穿着的衣服相互摩擦，容易产生静电，而这些静电容易将集成电路内部击穿造成设备损坏。因此，在安装前，用手触摸下接地的导电体或洗手以释放身上的静电。

② 防止液体接入计算机内部。

③ 使用正常的组装方法：一定要注意正确的安装方法，对于不懂、不会、不熟悉的地方要仔细阅读说明书及咨询技术人员，不要强行安装，因为稍微用力就会导致引脚折断或变形。

④ 以主板为中心，把所有东西排好。

⑤ 查验各个部件，验货时一定要原包装，当面拆封、解包，注意包装箱的编号和机器上

的编号是否相符,防止部件本身出现问题。

1.3.2 安装 CPU

本任务使用 Intel LGA775 平台为例来进行讲解,在安装 CPU 之前,要先打开插座,方法是:用适当的力向下微压固定 CPU 的压杆,同时用力往外推压杆,使其脱离固定卡扣,如图 1-13 所示。

接下来将固定处理器的盖子与压杆反方向提起,在安装处理器时,需要特别注意,大家可以仔细观察,在 CPU 处理器的一角上有一个三角形的标识,另外仔细观察主板上的 CPU 插座,同样会发现一个三角形的标识。在安装时,处理器上印有三角标识的那个角要与主板上印有三角标识的那个角对齐,然后慢慢地将处理器轻压到位。这不仅适用于英特尔的处理器,而且适用于目前所有的处理器,特别是对于采用针脚设计的处理器而言,如果方向不对则无法将 CPU 全部安装到位,大家在安装时要特别的注意,如图 1-14 所示。

图 1-13　CPU 安装(1)

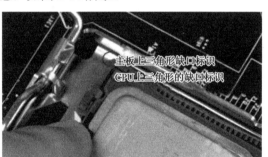

图 1-14　CPU 安装(2)

1.3.3 安装散热器

由于 CPU 发热量较大,选择一款散热性能出色的散热器特别关键,但如果散热器安装不当,对散热的效果也会大打折扣。安装散热器前,先要在 CPU 表面均匀地涂上一层导热硅脂(很多散热器在购买时已经在底部与 CPU 接触的部分涂上了导热硅脂,这时就没有必要再在处理器上涂一层了)。

图 1-15　散热器安装

安装时,将散热器的四角对准主板相应的位置,然后用力压下四角扣具即可。有些散热器采用了螺丝设计,因此在安装时还要在主板背面相应的位置安放螺母,如图 1-15 所示。

固定好散热器后,还要将散热风扇接到主板的供电接口上。找到主板上安装风扇的接口(主板上的标识字符为 CPU_FAN),将风扇插头插放即可(**注意**:目前有四针与三针等几种不同的风扇接口,大家在安装时注意一下即可)。

由于主板的风扇电源插头都采用了防呆式的设计,反方向无法插入,因此安装起来相当方便。

1.3.4 安装内存

英特尔64位处理器支持的主板目前均提供双通道功能,其设计用来解决数据传输瓶颈,因此建议大家在选购内存时尽量选择两根同规格的内存来搭建双通道。主板上的内存插槽一般都采用两种不同的颜色来区分双通道与单通道。将两条规格相同的内存条插入到相同颜色的插槽中,即打开了双通道功能。

安装内存时,先用手将内存插槽两端的扣具打开,然后将内存平行放入内存插槽中(内存插槽也使用了防呆式设计,反方向无法插入,大家在安装时可以对应一下内存与插槽上的缺口),用两拇指按住内存两端轻微向下压,听到"啪"的一声响后,即说明内存安装到位,如图1-16所示。

图1-16 内存安装

1.3.5 将主板安装固定到机箱中

目前,大部分主板板型为ATX或MATX结构,因此机箱的设计一般都符合这种标准。在安装主板之前,先装机箱提供的主板垫脚螺母安放到机箱主板托架的对应位置(有些机箱购买时就已经安装)。

然后双手平行托住主板,将主板放入机箱中,通过机箱侧面板确定机箱安放到位,接着拧紧螺丝,固定好主板(在装螺丝时,注意每颗螺丝不要一次性地拧紧,等全部螺丝安装到位后,再将每个螺丝拧紧,这样做的好处是随时可以对主板的位置进行调整),如图1-17所示。

图1-17 主板安装

1.3.6 安装硬盘

将硬盘固定在机箱的3.5寸硬盘托架上。对于普通的机箱,只需要将硬盘放入机箱的硬盘托架上,拧紧螺丝使其固定即可。很多用户使用了可拆卸的3.5寸机箱托架,这样安装起硬盘来就更加简单,如图1-18所示。

1.3.7 安装外设

安装光驱的方法与安装硬盘的方法大致相同,对于普通的机箱,只需要将机箱4.25寸的托架前的面板拆除,并将光驱放入对应的位置,拧紧螺丝即可,如图1-19所示。但还有一种抽拉式设计的光驱托架。机箱电源的安装,方法比较简单,放入到位后,拧紧螺丝。

图1-18 硬盘安装

图 1-19 光驱安装

1.3.8 安装显卡，连接各类线缆

用手轻握显卡两端，垂直对准主板上的显卡插槽，向下轻压到位后，再用螺丝固定即完成了显卡的安装过程，如图 1-20 所示。

安装完显卡之后，剩下的工作就是安装所有的线缆接口了。安装硬盘电源与数据线接口，这是一块 SATA 硬盘，右边红色的为数据线，黑黄红交叉的是电源线，安装时将其按入即可，如图 1-21 所示。接口全部采用防呆式设计，反方向无法插入。

图 1-20 显卡安装　　　　　　　　图 1-21 硬盘电源和数据线安装

光驱数据线安装，均采用防呆式设计，安装数据线时可以看到 IDE 数据线的一侧有一条蓝色或红色的线，这条线位于电源接口一侧，如图 1-22 所示。

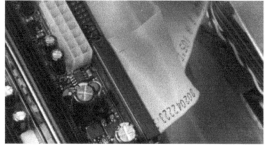

图 1-22 光盘电源和数据线安装

主板供电电源接口，这里需要说明一下，目前大部分主板采用了 24PIN 的供电电源设计，但仍有些主板为 20PIN，大家在购买主板时要重点看一下，以便购买适合的电源。CPU 供电接口大部分采用四针的加强供电接口设计，这里高端的使用了 8PIN 设计，以提供 CPU 稳定

的电压供应，如图 1-23 所示。

图 1-23　主板供电电源安装

主板上 SATA 硬盘、USB 及机箱开关、重启、硬盘工作指示灯接口，安装方法可以参见主板说明书。

对机箱内的各种线缆进行简单的整理，以提供良好的散热空间，如图 1-24 所示。

这样主机就组装完毕了，盖上机箱盖。将外设按照接口类别插入主板侧面板，如图 1-25 所示，通上电源就可以点亮计算机了。

 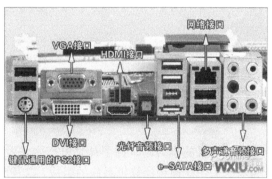

图 1-24　安装完毕主机内部结构　　　　图 1-25　主板侧面板结构

任务小结

本任务通过图文结合，详细地介绍了一台组装计算机的组装过程。希望学生通过学习能自己 DIY 组装计算机，提高学生的动手和实操能力。

项目综合实训：模拟自助装机

请利用 IT 门户网站中模拟装机功能模块，按照老师提出的要求和学生自己的实际情况。完成配置单的填写。

操作步骤如下。

（1）打开一个 IT 类门户网站（如太平洋在线），找到模拟装机模块。

网址：http://mydiy.pconline.com.cn/。

（2）按照要求顺序填写左侧配置单，每选择一个部件，右侧数据库中都会出现备选清单。单击即可完成填写，如图 1-26 所示。

（3）算出总价，将配置单截图发送网站论坛，浏览网友评价。并学习网站中推荐的各类配置单。

图1-26 自助装机系统

项目总结

通过项目的学习，掌握了计算机产生与发展以及计算机的特点和应用的知识；理解计算机的基本工作原理和计算机系统的组成，以及微型计算机系统的分类；了解微型计算机的硬件系统，包括主机系统和常用外部设备；学会了自己选购、组装计算机的全过程。

项目 2

Windows 7 系统操作与管理

本项目介绍 Windows 7 安装过程和基本操作，包括完整安装和 Ghost 安装两种安装方法；桌面的组成和操作；窗口的操作、对话框的操作、文件及文件夹操作和应用程序的安装、删除以及设置 Windows 7 系统资源管理和设置。

知识目标

- ▶ 掌握 Windows 7 的安装方法。
- ▶ 掌握 Windows 7 桌面的组成。
- ▶ 掌握 Windows 7 窗口操作。
- ▶ 了解 Windows 7 系统设置界面。
- ▶ 掌握文件和文件夹操作。
- ▶ 掌握应用程序的安装、设置、删除。

能力目标

能够熟练安装使用 Windows 7 操作系统，完成个性桌面菜单设置，调整系统属性，优化系统性能，完成文件系统管理应用，掌握应用程序的安装、设置、删除。

工作场景

日常办公中 Windows 7 系统安装调试。
个人计算机系统个性、优化设置。
个人计算机应用程序、文件安装、存储。

任务 2.1 系统安装

在项目 1 的第一个任务中，我们就介绍了计算机系统是由硬件和软件两部分组成的。所以当我们完成了项目 1 将计算机购买回来后发现只能完成自检就无法再运行了。本任务就是来教大家完成软件系统中 Windows 7 操作系统的安装。

2.1.1 Windows 7 简介

Windows 7 是由微软公司开发的，具有革命性变化的操作系统。该系统旨在让人们的日常计算机操作更加简单和快捷，为人们提供高效易行的工作环境。2010 年正式发布，相比之前的微软 Windows XP 操作系统，Windows 7 添加了多种个性化功能。目前主要有以下几种版本。

Windows 7 简易版：简单易用。Windows 7 简易版保留了 Windows 为大家所熟悉的特点和兼容性，并吸收了在可靠性和响应速度方面的最新技术进步。Windows 7 家庭普通版使人们的日常操作变得更快、更简单。使用 Windows 7 家庭普通版，可以更快、更方便地访问使用最频繁的程序和文档。

Windows 7 家庭高级版：在计算机上享有最佳的娱乐体验。使用 Windows 7 家庭高级版，可以轻松地欣赏和共享用户喜爱的电视节目、照片、视频和音乐。

Windows 7 专业版：提供办公和家用所需的一切功能。Windows 7 专业版具备用户需要的各种商务功能，并拥有家庭高级版卓越的媒体和娱乐功能。

Windows 7 旗舰版：集各版本功能之大全。Windows 7 旗舰版具备 Windows 7 家庭高级版的所有娱乐功能和专业版的所有商务功能，同时增加了安全功能以及在多语言环境下工作的灵活性。

Windows 7 配置需求，如表 2-1 所示。

表 2-1 基本配置信息表

	基本配置要求	推荐计算机硬件配置
处理器 CPU	主频至少 1GHz	安装 64 位需更高
内存	1GB	2GB 或以上
显卡	Directx 9 显卡支持 WDDM 1.0 更高版本	低于此标准时 Aero 主题特效无法实现
其他	DVD R/W 光驱	安装用。如果需要可以用 U 盘安装 Windows 7，这需要制作 U 盘引导

2.1.2 Windows 7 安装

在确认自己的计算机符合 Windows 7 基本配置要求后，就可以自己动手安装操作系统了。这里分别介绍两种常见的安装方式：光盘完整安装和 Ghost 镜像安装。

1. 光盘完整安装

（1）将所购买的正版 Windows 7 光盘放入光驱，并将 BIOS 设置为光盘优先启动，启动之后显示器上会以黑色的背景,白色的文字显示"Windows is Loading Files",代表正在载入文件。Loading 完成之后会出现滚动条,然后就会进入如图 2-1 所示的界面。

图 2-1　Windows 7 安装（1）

（2）接着进行语言版本选择,选择完中文简体后开始安装。第一个提示框提示大家签署"阅读许可条款",然后选择要安装的类型。当然这里是进行完整的安装,选择"自定义（高级）"来自己确定安装内容和位置,如图 2-2 所示。

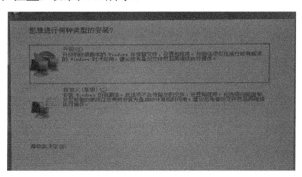

图 2-2　Windows 7 安装（2）

（3）对硬盘分区进行调整,如果新买的计算机,就首先自己分区然后格式化后安装系统。如果本身硬盘中已经完成了分区,那么请选择系统盘,然后单击界面下方的"格式化"按钮,一定要先格式化再安装系统。如果还需要调整分区,方法也很简单,将需要调整的分区删除,再重新按照你想要的方式重新创建即可,如图 2-3 所示。切忌,删除分区和格式化操作都会使操作的盘符数据丢失。

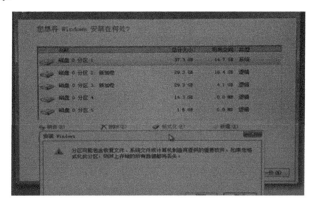

图 2-3　Windows 7 安装（3）

（4）格式化之后，就正式开始安装 Windows 7 操作系统了，这个过程的时间很大程度上取决于计算机光驱的读盘能力以及计算机的性能。一般情况在半个小时左右。完成安装之后，操作系统会自动重新启动，重新启动后请记得将光驱里的光盘取出，或者进入 BIOS 设置成硬盘优先引导，以免出现再次重新安装的情况。重新启动从硬盘引导之后进入如图 2-4 所示的界面。

（5）请在这里输入用户名，单击"下一步"按钮，进入密码设置界面，完成设置，如图 2-5 所示。

图 2-4　Windows 7 安装（4）

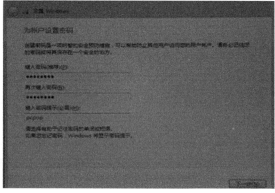
图 2-5　Windows 7 安装（5）

（6）输入产品密钥。将所购买的正版 Windows 7 产品中附带的序列号输入上面的产品密钥框中，并选中"当我联机时自动激活 Windows"；如果不想激活，微软也会提供 30 天的试用时间。试用期间是不会有任何功能限制的，如图 2-6 所示。

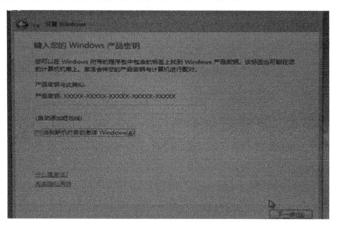
图 2-6　Windows 7 安装（6）

（7）进入最后的两个步骤了，分别是设置更新类型与时区、时间等，实际上这些步骤进入系统之后都是可以设置的。

完成以上设置就会出现欢迎界面，如图 2-7 所示。恭喜你已经成功地安装好了最新的、"让使用计算机变得简单"的、"革命性"的 Microsoft Windows 7 操作系统。第一次启动会比较长，计算机在初始化操作系统，请耐心等候。

Windows 7 系统操作与管理　项目 2

图 2-7　Windows 7 安装（7）

2. Ghost 安装 Windows 7 系统

如果你觉得第一种安装方法耗时太长，这里来介绍第二种方法，使用 Ghost 安装 Windows 7。整个过程非常简单，几乎做到了一键操作，安装时间也大约只有十几分钟。既然如此，那为什么大多数人还是不去用 Ghost 来安装 Windows 7 呢？其实，和 Windows XP 不同，要想完整地迁移 Windows 7 操作系统，必须同时将旧硬盘上的系统分区（一般为 C 盘）、系统预留分区（100MB 的隐藏分区）和 MBR 分区表全部克隆到新盘上，而这是 Ghost 无法完成的工作。当然，随着 Ghost 版本的更新，Ghost 版 Windows 7 也越来越趋于稳定，但是某些机器在使用 Ghost 版 Windows 7 时还是会出现各种各样的问题。

（1）运行 Ghost 32。系统还原和备份非常相似，运行 Ghost32，进入窗口，单击"OK"按钮。

Partition 菜单下面有以下 3 个子菜单。

① To Partition：将一个分区（称源分区）直接复制到另一个分区（目标分区），注意操作时，目标分区空间不能小于源分区。

② To Image：将一个分区备份为一个镜像文件，注意存放镜像文件的分区不能比源分区小，最好是比源分区大。

③ From Image：从镜像文件中恢复分区（将备份的分区还原）。这是手工安装系统用到的选项。

（2）选择备份或者还原。执行"Local"→"Partition"→"From Image"命令，如图 2-8 所示。这一步一定要注意不要选择"Disk"选项，否则硬盘分区表就被破坏了。

（3）选择 Ghost 文件存放的地址，找到用来作为蓝本的镜像 gho 文件，如图 2-9 所示。这里请大家检查确认备份系统镜像。看看显示的分区格式、分区容量和分区已用容量，是否和备份分区一样。一旦选择错误一切又得从头开始了。

（4）选择要还原的硬盘和分区。出现提示窗口，单击"OK"按钮，Ghost 开始还原分区信息，如图 2-10 所示。

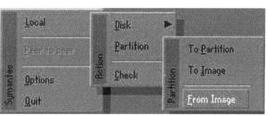

图 2-8　Windows 7 Ghost 安装（1）

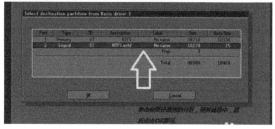

图 2-9　Windows 7 Ghost 安装（2）　　　　图 2-10　Windows 7 Ghost 安装（3）

> **注意事项：**
> 可以说，Ghost 安装法是所有安装方法中最简单、最省时的。如果计算机在运行 Ghost 版 Windows 7 时没有任何问题就是再好不过了。在此，笔者给大家一个能够提高成功率的方法，就是在寻找下载 Ghost 镜像的时候可以不下载那些已经设置好了的、有驱动软件之类的 Ghost 镜像，这种镜像不仅会降低成功率，更有一些来源不明的镜像可能含有流氓软件或是推销软件。大家可以下载部署镜像，没有任何设置及软件的纯净镜像，即单纯使用 Ghost 来封装的安装包。这种镜像不仅安全，而且因为没有进行个性化设置，所以系统的安装成功率和稳定性也大幅提高。

任务小结

通过任务中两种方法的介绍，同学们可以根据自己的需求安装 Windows 7 操作系统。

任务 2.2　Windows 7 桌面操作

安装有 Windows 7 操作系统的用户，在启动计算机后，首先看到的是桌面。Windows 7 的桌面主要由桌面背景、图标、"开始"按钮、快速启动工具栏和任务栏等部分组成。

2.2.1　Windows 7 启动、退出

1. 启动 Windows 7 操作系统

正确安装完 Windows 7，重新按下电源开关，计算机会在自动完成自检后进入 Windows 7 的登录界面，如图 2-11 所示。

单击设置好的用户名，输入登录密码，就能看见 Windows 7 的桌面了，如图 2-12 所示。

Windows 7 系统操作与管理　　项目 2

图 2-11　Windows 7 登录界面

图 2-12　Windows 7 桌面

2．重启或关闭 Windows 7 系统

当需要重新启动系统或者关闭系统休息的时候，可以先关闭所有正在运行的程序，对数据进行保存。然后单击 Windows 7 的"开始"按钮，也就是 Windows 7 桌面左下角这个标识，鼠标放在"关机"侧面的箭头上。这时会出现一个快捷菜单，如图 2-13 所示，选择"重新启动"或者"关机"选项来完成操作。

3．切换用户

多个用户在 Windows 7 中进行了个性化设计后，如果需要进行切换，是需要在图 2-11 的登录界面中选择自己的头像并输入密码登录来实现的。为了方面用户从一个用户快速切换到另一个用户，Windows 7 提供了用户注销登录功能。这样首先切换用户不必关闭当前用户界面，直接单击图 2-13 中"切换用户"即可。当然如果需要关闭现有用户，就选择"注销"选项。

图 2-13　Windows 7 关机选项

2.2.2　Windows 7 桌面的组成

启动系统后，进入 Windows 7。屏幕中显示的就是 Windows 7 的桌面。计算机的绝大部工作都是在这里进行完成的。首先来认识一下它的组成部分，如图 2-14 所示。

图 2-14　Windows 7 桌面组成

1. 桌面背景

桌面背景就是桌布或者墙纸，是进入 Windows 7 系统后用户看到的第一个界面。同时也是 Windows 7 系统操作的起点，这里是可以根据个人喜好进行个性设置的。

（a）常用图标

（b）快捷方式图标

图 2-15　图标

2. 桌面图标

在 Windows 7 操作系统中，所有的文件、文件夹和应用程序等都用相应的图标表示。桌面图标一般是由文字和图片组成的，主要包括常用图标和快捷方式图标两类，如图 2-15 所示。

用户用鼠标双击桌面上的常用图标或快捷方式图标，可以快速打开相应的文件、文件夹或者应用程序。

3."开始"菜单

单击"开始"按钮，就能弹出"开始"菜单，这是所有计算机中可以实现的任务的集合，如图 2-16 所示。

4. 任务栏

任务栏是位于桌面最低端的蓝色长条。和以前的系统相比，Windows 7 中的任务栏设计更加人性化，使用更加方便、灵活，功能更加强大。在 Windows 7 中取消了快速启动工具栏。如果要快速打开程序，可以在任务栏上选择程序并右击，从弹出的快捷菜单中选择"将此程序锁定到任务栏"命令，将程序锁定到任务栏中，如图 2-17 所示。

图 2-16　Windows 7 "开始"菜单

图 2-17　锁定任务栏

5. 通知区域

任务栏最右边的区域被称为通知区域，也就是系统提示区。这里显示的是系统现在被激活的或者紧急的任务通知。它们以这些任务的快捷方式图标的形式出现在提示区域中。

2.2.3 Windows 7 桌面设置

用户可以对桌面进行个性化设置，将桌面的背景修改为自己喜欢的图片。

1．设置 Windows 7 自带的图片桌面背景

设置系统自带的图片为桌面背景的操作步骤如下。

（1）在桌面的空白处右击，在弹出的快捷菜单中选择"个性化"命令。

（2）弹出"个性化"窗口，单击"桌面背景"图标。

（3）在弹出的"桌面背景"窗口"图片位置"右侧的下拉列表中列出了系统默认的图片存放文件夹。

（4）单击窗口左下角的"图片位置"向下按钮，弹出桌面背景的显示方式，包括"填充"、"适应"、"拉伸"、"平铺"和"居中"5 种显示方式。

（5）单击"保存修改"按钮，返回到"桌面背景"窗口，如图 2-18 所示。

图 2-18　设置桌面背景

2．添加个人珍藏的精美图片为桌面背景

如果用户对 Windows 7 自带的图片不满意，可以将自己保存的精美图片设置为桌面背景，具体操作步骤如下。

（1）在"桌面背景"窗口中单击"浏览"按钮，弹出"浏览文件夹"对话框，选择图片所在的文件夹，单击"确定"按钮。

（2）选择文件夹中的图片被加载到"图片位置"下面的列表框中，从列表框中选择一张图片作为桌面背景图片，单击"保存修改"按钮。

2.2.4 Windows 7 桌面小工具设置

与 Windows XP 操作系统相比，Windows 7 操作系统又新增了桌面小图标工具。在 Windows 7 操作系统中，用户只要将小工具的图片添加到桌面上，即可方便地使用。

1．添加

在 Windows 7 操作系统中添加并使用小工具的操作步骤如下。

（1）在桌面的空白处右击，从弹出的快捷菜单中选择"小工具"命令，如图 2-19 所示。

（2）弹出"小工具库"窗口，用户选择小工具后，可以直接拖动到桌面上，也可以直接双击小工具或选择小工具后用右击，在弹出的快捷菜单中选择"添加"命令，选择的小工具被成功地添加到桌面上，如图 2-19 所示。

图 2-19　添加小工具

2．删除

用户如果不再使用已添加的小工具，可以将小工具从桌面删除。

将鼠标光标放在小工具的右侧，单击"关闭"按钮即可从桌面上删除小工具，如图 2-20 所示。

图 2-20　删除小工具

3．获取更多桌面小工具

用户可以通过联机获取更多的小工具。具体操作步骤如下。

（1）在"小工具库"窗口中单击"联机获取更多小工具"按钮。

（2）弹出"小工具"页面，选择"小工具"选项，单击"下载"按钮，如图 2-21 所示。

（3）在弹出的页面中，单击"下载"按钮。

图 2-21　下载新小工具

（4）弹出"文件下载-安全警告"对话框，单击"保存"按钮，如图 2-22 所示。

（5）弹出"另存为"对话框，单击"保存"按钮。

（6）系统开始自动下载，下载完成后，单击"打开"按钮。弹出"桌面小工具-安全警告"对话框，单击"安装"按钮。

（7）安装完成后，小工具被成功地添加到桌面。

4．设置桌面小工具

图 2-22　"文件下载-安全警告"对话框

添加到桌面的小工具不仅可以直接使用，而且可以对其进行移动、设置不透明度等操作，小工具常用的操作方法如下。

（1）用鼠标左键单击小工具的图标并按住不松开，移动鼠标时，小图标随其移动，拖动小工具到适当的位置后松开鼠标，即可移动小工具的位置，如图 2-23 和图 2-24 所示。

图 2-23　小工具移动前　　　　　　　图 2-24　小工具移动后

（2）选择小工具并右击，在弹出的快捷菜单中选择"前端显示"命令，如图 2-25 所示，即可设置小工具的图标显示在桌面的最前端。

（3）如果选择"不透明度"命令，在弹出的子菜单中选择具体的不透明度的数值，如图 2-26 所示，即可设置小工具的不透明度。

　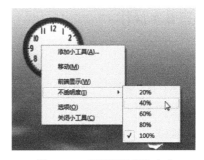

图 2-25　"前端显示"命令　　　　　图 2-26　"不透明度"命令

任务小结

通过本任务的学习，让同学对 Windows 7 的桌面有一个全面的认识，逐步掌握了桌面上图标、工具的操作。

任务 2.3　窗口中的文件、文件夹操作

在 Windows 7 操作系统中，窗口是用户界面中最重要的组成部分，是人与计算机进行交流最主要的界面。而在窗口中我们不但要对窗口本身进行一系列的操作，还要完成对文件和文件夹的操作。

在 Windows 7 操作系统中，显示屏幕区域被划分成许多框，这些框被称为窗口。窗口是屏幕上与应用程序相对应的矩形区域，是用户与产生该窗口的应用程序之间的可视界面。用户可随意在任意窗口上工作，并在各窗口之间交换信息，如图 2-27 所示。

图 2-27　Windows 7 窗口

2.3.1　窗口基本操作

1．打开窗口

打开窗口的方法很简单，用户可以利用"开始"菜单和桌面快捷方式图标这两种方法来打开。

2．关闭窗口

窗口使用完后，用户可以将其关闭，以节省计算机的内存使用空间。下面介绍几种关闭窗口的常用操作方法。

（1）使用"开始"菜单中的"退出"命令。
（2）单击窗口右上角的关闭按钮。
（3）在任务栏上右击，在弹出的快捷菜单中选择"关闭"选项即可关闭窗口。
（4）单击窗口左上端的 图标，在弹出的快捷菜单中选择"关闭"命令可关闭窗口。
（5）按 Alt+F4 组合键也可以关闭该窗口。

3．移动窗口的位置

Windows 7 操作系统中的窗口有一定的透明度，如果打开多个窗口，会出现多个窗口重叠的现象，这使得窗口的标题栏有时候会模糊不清，用户可以将窗口移动到合适的位置，其操作方法如下。

（1）将鼠标光标放在需要移动位置的窗口的标题栏上。

（2）按住鼠标左键不放，拖动到需要的位置，松开鼠标，即可完成窗口位置的移动。

如果桌面上的窗口很多，运用上述方法移动会很麻烦，此时用户可以通过设置窗口的显示形式对窗口进行排列。在任务栏的空白处右击，在弹出的快捷菜单中，用户可以根据需要选择"层叠窗口"、"堆叠显示窗口"和"并排显示窗口"中的任意一种排列方式进行对齐，如图 2-28 所示。

图 2-28　Windows 7 窗口排列方式

4．调整窗口的大小

有的时候为了操作方便，需要对窗口的大小进行设置。用户可以根据需要按照下述操作方法来调整窗口的大小。

（1）利用窗口按钮设置窗口大小

窗口的右上角一般都有"最大化/还原"、"最小化"和"关闭"这 3 个按钮。单击"最大化"按钮，则"画图"窗口将扩展到整个屏幕，显示所有的窗口内容，此时"最大化"按钮变成"还原"按钮，单击该按钮，又可将窗口还原为原来的大小，如图 2-29 所示。

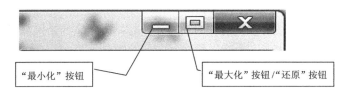

图 2-29　Windows 7 窗口调整按钮

（2）手动调整窗口的大小

当窗口处于非最小化和最大化状态时，用户可以通过手动调整窗口的大小。即将鼠标移动到窗口的下边框上，此时鼠标变成上下箭头的形状，按住鼠标左键不放拖动边框，拖动到合适的位置松开鼠标可调整窗口的高度。

5．切换当前活动窗口

在 Windows 7 操作系统中可以同时打开多个窗口，但是当前的活动窗口只有一个。用户若需要将所需要的窗口设置为当前活动窗口，可通过以下两种方法进行操作。

（1）每个打开的程序在任务栏中都有一个相对应的程序图标按钮。将鼠标放在程序图标按钮区域上时，可弹出打开软件的预览窗口，单击程序图标按钮即可打开对应的程序窗口，如图 2-30 所示。

（2）利用 Alt+Tab 组合键，如图 2-31 所示。

图 2-30　Windows 7 窗口程序图标按钮

图 2-31　Windows 7 窗口切换

2.3.2　文件系统

在 Windows 7 操作系统中，文件是最小的数据组织单位。文件中可以存放文本、图像和数值数据等信息，这些文件被存放在硬盘的文件夹中。

1．文件

文件是 Windows 操作系统存取磁盘信息的基本单位，一个文件是磁盘上存储信息的一个集合，可以是文字、图片、影片或一个应用程序等。每个文件都有自己唯一的名称，Windows 7 正是通过文件的名字来对文件进行管理的。

在 Windows 7 操作系统中，文件的命名具有以下特征。

（1）支持长文件名。

（2）文件的名称中允许有空格。

（3）文件名称的长度最多可达 256 个字符，命名时不区分字母大小写。

（4）默认情况下系统自动按照文件类型显示和查找文件。

（5）同一个文件夹中的文件不能同名。

2．文件夹

在 Windows 7 操作系统中，文件夹主要用来存放文件，是存放文件的"容器"。文件夹和文件一样，都有自己的名字，系统也都是根据它们的名字来存取数据的。文件夹的命名规则具有以下特征。

（1）支持长文件夹名称。

（2）文件夹的名称中允许有空格，但不允许有斜线（\、/）、竖线（|）、小于号（<）、大于号（>）、冒号（:）、引号（"或'）、问号（?）、星号（*）等符号。

（3）文件夹名称的长度最多可达 256 个字符，命名时不区分字母大小写。

（4）文件夹没有扩展名。

（5）同一个文件夹中的文件夹不能同名。

2.3.3 文件（夹）操作

掌握文件的基本操作是用户熟悉和管理计算机的前提。文件的基本操作包括查看文件属性、查看文件的扩展名、打开和关闭文件、复制和移动文件、更改文件的名称、删除文件、压缩文件、隐藏或显示文件等。

1. 查看文件（夹）属性

任何一个文件的详细信息，可以通过查看文件的属性来了解。

操作步骤如下。

（1）在需要查看属性的文件名上右击，在弹出的快捷菜单中选择"属性"命令。

（2）系统弹出所选文件的"属性"对话框，在"常规"选项卡中，用户可以看到所选文件的详细信息，如图 2-32 所示。

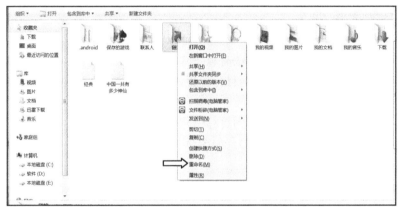 

图 2-32　Windows 7 文件属性

每一个文件夹都有自己的属性信息，如文件夹的类型、路径、占用空间、修改时间和创建时间等，如果用户需要查看这些属性信息可以选中要查看属性的文件夹（此处为"Word"）并右击，在弹出的快捷菜单中选择"属性"命令，弹出所选文件夹的"属性"对话框，如图 2-33 所示。

2. 打开和关闭文件（夹）

（1）打开文件（夹）。打开文件（夹）常见的方法有以下 3 种。

① 选择需要打开的文件（夹），用鼠标双击文件（夹）的图标即可。

② 在需要打开的文件（夹）名上右击，在弹出的快捷菜单中选择"打开"命令。

③ 利用"打开方式"命令打开文件（夹）。其操作方法为，在需要打开的文件（夹）图标上右击，在弹出的快

图 2-33　Windows 7 文件夹属性

捷菜单中选择"打开方式"命令,在弹出的子菜单中选择相应的软件即可。

(2) 关闭文件(夹)。关闭文件(夹)的常用操作方法如下。

① 一般文件(夹)的打开都和相应的软件有关,在软件的右上角都有一个"关闭"按钮,单击"关闭"按钮,可以直接关闭文件(夹)。

② 使所要关闭的文件(夹)为当前活动窗口,按 Alt+F4 组合键,可以快速地关闭当前被打开的文件(夹)。

3. 复制和移动文件(夹)

在工作或学习中,经常需要用户对一些文件(夹)进行备份,也就是创建文件(夹)的副本,或者改变文件(夹)的位置进行保存,这就需要对文件(夹)进行复制或移动操作。

(1) 复制文件(夹)。复制文件(夹)的方法有以下 3 种。

① 选中要复制的文件(夹),在按住 Ctrl 键的同时,按住左键并拖动鼠标至目标位置后松开鼠标按键,即可复制文件(夹)。

② 选中要复制的文件(夹),用右击并拖动到目标位置,在弹出的快捷菜单中选择"复制到当前位置"命令,即可复制文件(夹)。

③ 选择要复制的文件(夹),按 Ctrl+C 组合键,然后在目标位置按 Ctrl+V 组合键即可。

(2) 移动文件(夹)。移动文件(夹)的常用方法有以下 3 种。

① 选择要移动的文件(夹),用鼠标直接拖动到目标位置,即可完成文件(夹)的移动,这也是最简单的一种操作方法。

② 选择要移动的文件(夹),按住 Shift 键拖动到目标位置即可实现文件(夹)的移动。

③ 通过"剪切"与"粘贴"命令移动文件(夹),如图 2-34 所示。

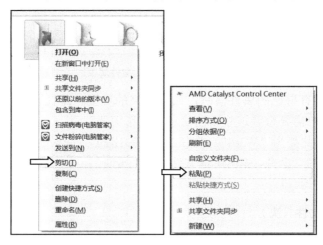

图 2-34 "剪切"与"粘贴"命令

4. 更改文件(夹)的名称

新建文件(夹)都是以一个默认的名称作为文件(夹)名。为了方便记忆和管理,用户可以对新建的文件(夹)或已有的文件(夹)进行重命名。对文件(夹)进行重新命名的操作方法如下。

(1) 选中要重命名的文件(夹),右击并在弹出的快捷菜单中选择"重命名"命令,如图 2-35 所示。

（2）需要重命名的文件（夹）名称将会以蓝色背景显示，如图 2-35 所示。

（3）用户可以直接输入文件（夹）的名称，按 Enter 键，即可完成对文件（夹）名称的更改。

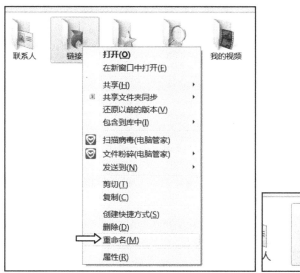

图 2-35　"重命名"操作

5．删除文件（夹）

删除文件（夹）的常用方法有以下几种。

（1）选中要删除的文件（夹），按 Del 键可直接将其删除。

（2）选中要删除的文件（夹），右击并在弹出的快捷菜单中选择"删除"命令即可将其删除，如图 2-36 所示。

（3）选中要删除的文件（夹），直接拖动到"回收站"中。

（4）使用工具栏中的"删除"命令删除文件（夹）。选中要删除的文件（夹），选择"文件"→"删除"命令即可删除文件（夹）。

6．隐藏或显示文件（夹）

对于不希望别人看到的文件（夹），或防止因误操作而导致文件（夹）丢失的现象发生，有时又常常需要将文件（夹）显示出，便于查看和修改，可以将文件（夹）进行隐藏或取消隐藏，其操作步骤如下。

（1）隐藏文件（夹）。选择需要隐藏的文件（夹）并右击，在弹出的快捷菜单中选择"属性"命令，弹出所选文件（夹）的"属性"对话框，选择"常规"选项卡，选中"隐藏"复选框，单击"确定"按钮，返回文件（夹）所在的目录，可以看到选择的文件（夹）被成功隐藏。用户若想取消某个文件（夹）的隐藏，重新选中"隐藏"复选框可实现，如图 2-37 所示。

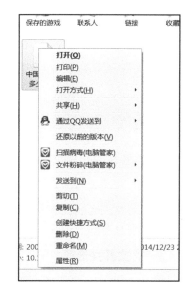

图 2-36　"删除"操作

（2）显示文件（夹）。文件（夹）被隐藏后，用户要想对隐藏文件（夹）进行操作，需要先显示文件（夹）。选择"工具"→"文件夹选项"命令，在弹出的"文件夹选项"对话框中选择"查看"选项卡，在"高级设置"列表中选择"显示隐藏的文件、文件夹和驱动器"单选按钮，如图 2-38 所示。

图 2-37　"隐藏"操作

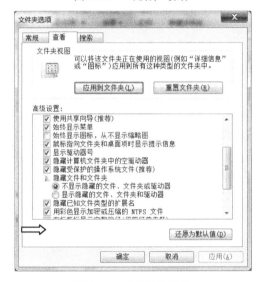

图 2-38　"显示"操作

7．文件夹选项

用户可以在"文件夹选项"对话框中对文件夹进行详细设置，其操作步骤如下。

（1）选择"工具"→"文件夹选项"命令，弹出"文件夹选项"对话框，用户可以设置文件夹的"常规"属性，如图 2-39（a）所示。

（2）选择"查看"选项卡，在"高级设置"中选中"隐藏已知文件类型的扩展名"复选框，即可隐藏文件的扩展名，用户还可以设置文件夹的视图显示，如图 2-39（b）所示。

（3）选择"搜索"选项卡，在此选项卡中可以设置"搜索内容"、"搜索方式"和"在搜索没有索引的位置时"的操作，如图 2-39（c）所示。

Windows 7 系统操作与管理　项目 2

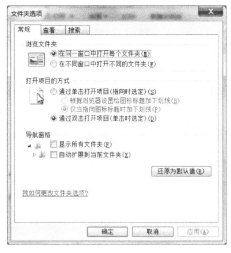

(a)

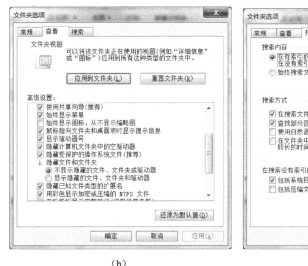

(b)

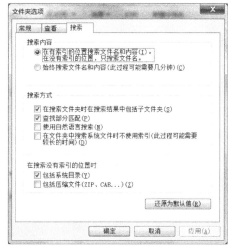

(c)

图 2-39　"文件夹选项"操作

8. 设置文件夹的显示方式

用户还可以设置文件夹的显示方式，如文件夹的排列方式、显示大小等。设置文件夹显示方式的操作方法如下。

（1）在需要设置文件夹显示方式的路径下，右击并在弹出的快捷菜单中选择"查看"→"中等图标"命令，如图 2-40 所示。

（2）系统将自动以中等图标的形式显示文件夹。

（3）右击并在弹出的快捷菜单中选择"排列方式"→"类型"命令，系统将自动根据文件夹的类型排列文件夹。

图 2-40　设置文件夹的显示方式操作

任务小结

通过本任务的学习,同学们分别了解了窗口和文件系统的基本概念。掌握了 Windows 7 操作系统窗口、文件和文件夹的基本操作。

任务 2.4　系统优化设置

Windows 7 系统安装完成后,安装程序会提供一种默认设置,但是这种设置未必适合所有人,所以同学们可以根据自己的需求和爱好修改 Windows 7 的各种系统属性设置。

2.4.1　屏幕设置

设置屏幕的分辨率、屏幕保护程序、刷新率等属性。

1. 设置屏幕分辨率

屏幕分辨率是指屏幕上显示的文本和图像的清晰度。分辨率越高,项目越清楚,在屏幕上显示的项目越小,因此屏幕上可以容纳更多的项目。分辨率越低,在屏幕上显示的项目越少,但屏幕上项目的尺寸越大。设置屏幕分辨率的操作步骤如下。

(1)在桌面上空白处右击,在弹出的快捷菜单中选择"屏幕分辨率"命令。

(2)弹出"屏幕分辨率"窗口,单击"分辨率"右侧的向下按钮,在弹出的列表中拖动滑块,选择需要设置的分辨率,如图 2-41 所示。

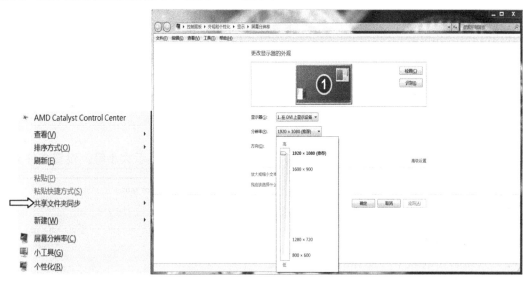

图 2-41　设置分辨率

这里需要提醒大家注意的是,更改屏幕分辨率会影响登录到此计算机上的所有用户。如果将监视器设置为它不支持的屏幕分辨率,那么该屏幕在几秒钟内将变为黑色,监视器则还原至原始分辨率。

2．设置屏幕刷新率

刷新频率是屏幕每秒画面被刷新的次数，当屏幕出现闪烁现象时，将会导致眼睛疲劳和头痛。此时用户可以通过设置屏幕刷新频率，消除闪烁的现象。设置屏幕刷新率的操作步骤如下。

（1）在桌面上空白处右击，在弹出的快捷菜单中选择"屏幕分辨率"选项，打开"屏幕分辨率"窗口，单击"高级设置"链接。

（2）在弹出的对话框中选择"监视器"选项卡，在"屏幕刷新频率"下拉列表中选择合适的刷新频率，单击"确定"按钮，如图 2-42 所示。

图 2-42　设置刷新率

这里同样需要提醒大家注意的是，更改屏幕分辨率也是针对计算机上的所有用户。同样监视器设置为它不支持的屏幕刷新率，那么该屏幕在几秒钟内将变为黑色，监视器则还原至原始刷新率。

3．设置屏幕保护程序

用户在一定时间内没有使用鼠标或键盘后，屏幕保护程序就会出现在计算机的屏幕上，此程序为变动的图片或图案。屏幕保护程序最初用于保护较旧的单色显示器免遭损坏，现在它们主要是个性化计算机或通过提供密码保护来增强计算机安全性的一种方式。设置屏幕保护程序的具体操作步骤如下。

（1）在桌面的空白处右击，在弹出的快捷菜单中选择"个性化"命令。

（2）打开"更改计算机上的视觉效果和声音"窗口，选择"屏幕保护程序"选项。

（3）打开"屏幕保护程序设置"对话框，在"屏幕保护程序"下拉列表中选择系统自带的屏幕保护程序，此时在上方的预览框中可以看到设置后的效果。

（4）在"等待"微调框中设置等待的时间，本实例设置为 5 分钟，选中"在恢复时显示登录屏幕"复选框。

（5）返回到"屏幕保护程序设置"对话框，单击"确定"按钮，如果用户在 5 分钟内没有对计算机进行任何操作，系统会自动启动屏幕保护程序，如图 2-43 所示。

图 2-43　设置屏幕保护程序

2.4.2　调整日期和时间

在 Windows 7 操作系统桌面的右下角显示有系统的日期和时间，如果日期或时间显示不正确，同学们可以将系统与 Internet 中的时间服务器进行同步，使计算机上的时间与服务器上的时钟相匹配。设置 Windows 7 操作系统的时间与 Internet 中的时间服务器保持一致的操作如下。

（1）单击"开始"按钮，在弹出的"开始"菜单中选择"控制面板"命令。

（2）弹出"控制面板"窗口，选择"时钟、语言和区域"选项，弹出"时钟、语言和区域"窗口，单击"时间和日期"链接。

（3）选择"Internet 时间"选项卡，单击"更改设置"按钮，在弹出"Internet 时间设置"对话框，选中"与 Internet 时间服务器同步"复选框，单击"服务器"右侧的下拉按钮，在弹出的下拉列表中选择"time.windows.com"选项，如图 2-44 所示。

（4）单击"确定"按钮返回到"日期和时间"对话框，单击"确定"按钮完成时间自动更新的设置。

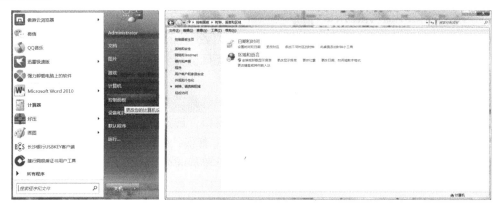

图 2-44　设置时间与日期

Windows 7 系统操作与管理

图 2-44　设置时间与日期（续）

2.4.3　账户设置

一台计算机通常可允许多人进行访问，如果每个人都可以随意更改文件的话，计算机将会显得很不安全，可以采用对账户进行设置的方法，为每一个用户设置具体的使用权限。

1．添加账户

（1）单击"开始"按钮，在弹出的"开始"菜单中选择"控制面板"命令，弹出"控制面板"窗口，在"用户账户和家庭安全"功能区中单击"添加或删除用户账户"链接。

（2）弹出"管理账户"窗口，单击"创建一个新账户"链接。弹出"创建新账户"窗口，输入账户名称"XS"，将账户类型设置为"标准用户"，单击"创建账户"按钮。

（3）返回到"管理账户"窗口，可以发现新添加一个"XS"账户，如图 2-45 所示。

2．删除用户

（1）在"管理账户"窗口中，如果想删除某个账户，直接单击该账户名称，例如这里选择"XS"账户弹出"更改账户"窗口。

（2）在弹出的"更改账户"窗口中，单击"删除账户"按钮，在弹出的"删除账户"窗口中单击"删除文件"按钮。

（3）弹出"确认删除"窗口，之后单击"删除账号"按钮，返回到"管理账户"窗口，可以发现选择的账户已被删除，如图 2-46 所示。

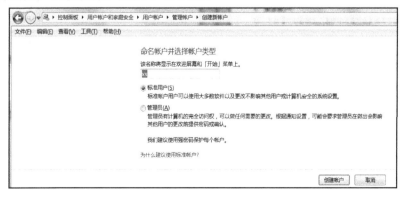

图 2-45　添加用户

图 2-45　添加用户（续）

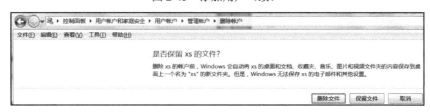

图 2-46　删除用户

这里需要特别指出的是，由于系统为每个账户都设置了不同的文件，包括桌面、文档、音乐、收藏夹、视频文件等，因此，在删除某个用户的账户时，如果用户想保留账户的这些文件，可以单击"保留文件"按钮，否则单击"删除文件"按钮。

3．设置账户属性

用户添加新的账户后，为了方便管理与使用，还可以在"管理账户"窗口中，选择需要设置的新用户账户，在"更改账户"窗口对新添加的账户设置不同的名称、密码和头像图标等属性，如图 2-47 所示。

图 2-47　设置用户属性

4．为账户添加家长控制

用户可以通过使用 Windows 7 操作系统中的"家长控制"功能对儿童使用计算机的方式进行协助管理，以此来限制儿童使用计算机的时段、可玩的游戏类型以及可以运行的程序等。当家长控制阻止了对某个游戏或程序的访问时，将显示一个通知，声明已阻止该程序。儿童可以单击通知中的链接，以请求获得该游戏或程序的访问权限，家长可以通过输入账户信息来允

Windows 7 系统操作与管理　项目 2

许其访问。这里对用户"XS"来进行家长控制设置,具体操作如下。

(1)单击"开始"按钮,选择"控制面板"命令,弹出"控制面板"窗口。

(2)单击"为所有用户设置家长控制"链接,弹出"家长控制"窗口。

(3)单击"XS"用户图标。提示用户为管理员设置密码。

(4)单击"是"按钮,弹出"设置密码"窗口,输入两次相同的密码。

(5)单击"确定"按钮,返回到"家长控制"窗口,选择新创建的用户。

(6)在弹出的"用户控制"窗口中,选择"家长控制"列表下的"启用,应用当前设置"单选按钮。

(7)单击"时间限制"链接,弹出"时间限制"窗口,单击并拖动来设置要阻止或允许的时间,其中白色方块代表允许,蓝色方块代表阻止。

(8)设置完成后,单击"确定"按钮返回到"用户控制"窗口,单击"游戏"链接,即可打开"游戏控制"窗口,在"是否允许玩游戏?"列表中选择"否"单选按钮,单击"确定"按钮即可完成对"游戏"用户的家长控制,如图 2-48 所示。

图 2-48　设置家长控制

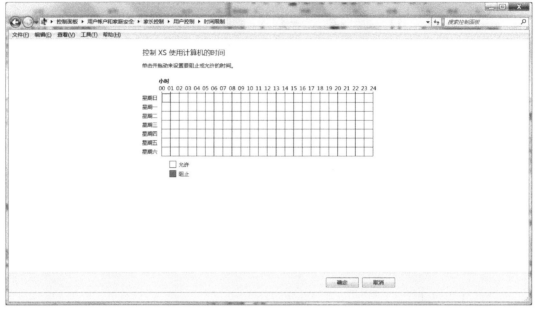

图 2-48　设置家长控制（续）

2.4.4　声音设置

在 Windows 7 操作系统中，发生某些事件时会播放声音。事件可以是用户执行的操作，如登录到计算机，或计算机执行的某些操作，如在收到新电子邮件时发出提示声音。Windows 7 附带多种针对常见事件的声音方案。此外，某些桌面主题也有它们自己的声音方案。

自定义声音的具体操作步骤如下。

（1）在桌面的空白处右击，在弹出的快捷菜单中选择"个性化"命令。

（2）弹出"更改计算机上的视觉效果和声音"窗口，选择"声音"选项。

（3）弹出"声音"对话框，选择"声音"选项卡，在"声音方案"下拉列表中选择一种喜欢的声音方案。

（4）如果用户想具体设置每个事件的声音，可以在"程序事件"列表框中选择需要修改的事件，然后在"声音"列表中选择要修改成的声音。

（5）如果对系统提供的声音不满意，用户还可以自定义声音。选择"程序事件"中的"Windows 注销"后单击"浏览"按钮，弹出"浏览新的 Windows 注销声音"对话框，选择修改后的声音文件，单击"打开"按钮。本实例选择"Windows 导航开始"声音文件，单击"测试"按钮即可试听声音，单击"确定"按钮完成设置，如图 2-49 所示。

Windows 7 系统操作与管理　项目 2

图 2-49　设置声音

2.4.5　添加/删除程序

1．添加、安装应用软件

计算机在正常工作中需要运行大量的程序，例如音乐播放器、视频播放器、编程软件、QQ 聊天、文字处理工具、图片浏览工具等。如何安装这些程序呢？这里以 WinRAR 压缩软件为案例教大家学习。

首先需要一个 WinRAR 的安装文件，将其保存到自己的计算机中，在窗口中找到这个安装文件，双击它就能进入安装向导，如图 2-50 所示。

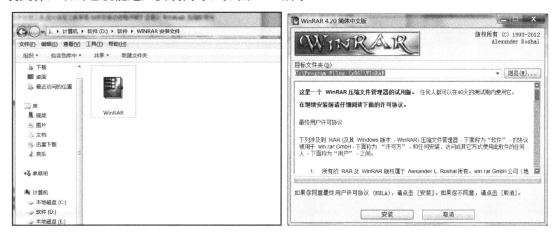

图 2-50　软件安装向导

在同意了安装协议，选择好安装位置后。当进度条完成 100%。WinRAR 这个软件就被安装到计算机中。我们可以在"开始"菜单中单击"所有程序"找到这个软件的选项，如图 2-51 所示。

49

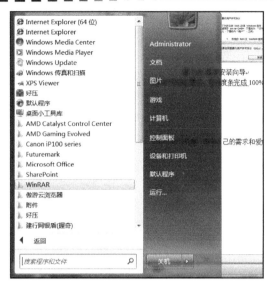

图 2-51　软件安装成功

2．删除、卸载应用程序

一台计算机在安装完操作系统后，往往还要安装大量的程序，当有些程序自己不需要了的时候就需要将其卸载，这时你仅把安装文件夹删除，就认为软件卸载了，其实不是这么回事。如果你只是这样删除了文件那么你的 C 盘中的注册及小部分的程序仍然还在，这时 C 盘的容量占用率越来越大，从而系统越来越慢，这是我们不愿意看到的。所以我们应该学会怎样去正常地删除不需要的软件。

Windows 7 系统提供了"卸载"功能来帮助用户完成软件卸载，在"开始"菜单中选择"控制面板"选项，选择"卸载程序"来实现对程序的卸载，如图 2-52 所示。

图 2-52　控制面板

还有一种方法，可以在"计算机"窗口中选择卸载或更改程序，打开卸载程序面板，如图 2-53 所示。

Windows 7 系统操作与管理　　项目 2

图 2-53　卸载程序面板

单击相应的软件从而删除不需要的软件。一般来说，安装/卸载都需要重新启动一次计算机才算完成整个安装/卸载操作，确保计算机健康地运行。

任务小结

通过本任务的学习，同学们学习掌握了根据自己的需求和爱好修改 Windows 7 的各种系统属性设置。完成安装、卸载程序操作。

任务 2.5　系统备份与恢复

备份是指将磁盘上的重要数据复制一份以备用。如果系统发生硬件或存储媒体故障，则备份工具可以保护数据免受意外的损失。备份存储媒体可以是逻辑驱动器（如硬盘）、单独的存储设备（如可移动磁盘）。如果硬盘上的原始数据被意外删除或覆盖，或因为硬盘故障而不能访问该数据，则可以十分方便地从存档副本中还原该数据。

Windows 7 本身就带有非常强大的系统备份与还原功能，可以在系统出现问题时能很快把系统恢复到正常状态。

2.5.1　Windows 7 备份系统

操作步骤如下。

（1）在 Windows 7 控制面板的"系统和安全"里，就可以找到"备份和还原"。备份 Windows 7 只需单击"设置备份"按钮，备份全程全自动运行。这里需要大家注意的是，为了更加确保 Windows 7 系统数据的安全性，建议把备份的数据保存在移动硬盘等其他非本地硬盘中，如图 2-54 所示。

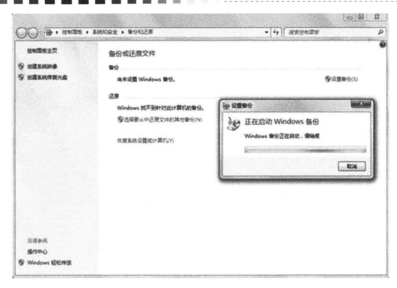

图 2-54 设置备份

（2）使用 Windows 7 备份来备份文件时，可以让 Windows 7 选择备份哪些内容，或者你可以选择要备份的个别文件夹和驱动器。根据你选择的内容，备份将包含各部分所描述的项目。如果让 Windows 7 选择备份哪些内容，则备份将包含以下项目。

① 在库、桌面上以及在计算机上拥有用户账户的所有人员的默认 Windows 7 文件夹中保存的数据文件。

> **注意**
> 只有库中的本地文件会包括在备份中。如果文件所在的库保存在以下位置，则不会包括在备份中：位于网络上其他计算机的驱动器上；位于与保存备份相同的驱动器上；或者位于不是使用 NTFS 文件系统格式化的驱动器上。

② 默认 Windows 7 文件夹包括 AppData、"联系人"、"桌面"、"下载"、"收藏夹"、"链接"、"保存的游戏"和"搜索"。

如果保存备份的驱动器使用 NTFS 文件系统进行了格式化并且拥有足够的磁盘空间，则备份中也会包含程序、Windows 7 和所有驱动器及注册表设置的系统映像。

如果硬盘驱动器或计算机无法工作，则可以使用该映像来还原计算机的内容。

如果需要自己定义备份数据内容，单击"Windows 如何选择要备份的文件"，如图 2-55 所示。

（3）个人可以选择备份个别文件夹、库或驱动器。即使已知系统文件夹（包含 Windows 7 行所需的文件的文件夹）中的所有文件和已知程序文件（安装程序时，在注册表中将自己定义为程序的组成部分的文件）位于选定的文件夹中，也不会备份这些文件。

> **注意**
> 如果未选择某个文件夹或驱动器，则不会备份该文件夹或驱动器的内容。

Windows 7 备份不会备份下列项目：

① 程序文件(安装程序时，在注册表中将自己定义为程序的组成部分的文件)。
② 存储在使用 FAT 文件系统格式化的硬盘上的文件。
③ 回收站中的文件。

Windows 7 系统操作与管理　　项目 2

④ 小于 1 GB 的驱动器上的临时文件。

选择完你所需备份的内容，单击"保存设置并运行备份"按钮就能继续开始进行备份，如图 2-56 所示。

图 2-55　帮助文件

图 2-56　备份开始

然后单击"查看详细信息"就有详细信息的进度条，等待备份过程结束即可。

2.5.2　Windows 7 还原系统

如果你的 Windows 7 系统出问题了，需要还原到早期的系统，那么还原的前提就是之前你为你的 Windows 7 系统做过最后一次的备份。

操作步骤如下。

单击"打开系统还原"按钮，按箭头方向顺序操作即可，如图 2-57 所示。

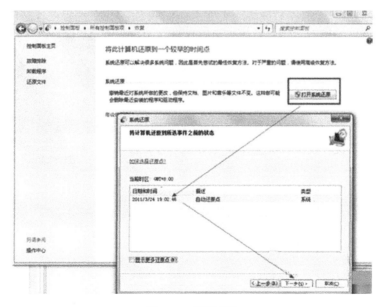

图 2-57　还原系统

> **温馨提示**
>
> 对于 Windows 7 而言，用户可以完全不需要借助任何系统备份工具就能达到备份 Windows 7 系统的目的。而且 Windows 7 的备份更个性化，可以自由选择要备份的数据。让你可以很快恢复 Windows 7 系统到之前的最佳状态。

任务小结

通过本任务的学习，同学们学习了利用 Windows 7 系统自带工具对系统进行备份、还原。

项目综合实训

请在计算机上完成以下步骤：

（1）在桌面上新建一个文件夹，命名为自己的班级学号姓名，格式为"××班××号×××"，对桌面的图标按照名称进行一次排列，将最后 3 个图标放入"××班××号×××"文件夹中。

（2）设置桌面工具栏为隐藏，解除锁定后移动到屏幕的上侧。然后再移动到下侧。

（3）将桌面新建的"××班××号×××"移动到 E 盘根目录下，并在桌面创建其快捷方式。在文件夹中创建 XS.BMP 文件。在硬盘中找到 3 个以.TXT 扩展名的文件，复制到此文件夹下。

（4）在"××班××号×××"文件夹下创建子文件夹"1"，将 XS.BMP 移动到"1"下，将文件名重命名为"2"，设置为只读属性。然后复制到桌面。

（5）在"1"下创建一个"22"Excel 文件"22.xls"。设置为隐藏属性。设置在窗口中显示所有文件，将"22.xls"复制到"××班××号×××"文件夹下，并设置此文件夹下隐藏所有已知扩展名的显示属性。

（6）添加新用户"学生"，设置密码"123"，设置上网时间为周一～周五 7：00-21：00。

（7）设置计算机空闲 2 分钟启用一个屏幕保护程序"彩带"，电源计划设置为"节能"，背景为纯白色，窗口颜色为大海。将显示主题设置为 Windows XP 经典。

项目总结

通过本项目的学习，同学们掌握了 Windows 7 安装过程和基本操作。实现了对窗口的操作、对话框的操作、文件及文件夹操作和应用程序的安装。

项目 3

网络互联与信息交流

计算机网络属于多机系统的范畴,是计算机与通信这两大现代技术相结合的产物,它代表着当前计算机体系结构发展的重要方向,目前,计算机网络已成为人类工作、学习、生活中不可缺少的一部分,可以说没有计算机网络,就没有现代化,就没有信息时代。本项目主要介绍计算机网络的一些基础知识和如何在 Windows 7 中设置网络连接。

知识目标

- ▶ 掌握计算机网络的基本知识、理解计算机协议的基本应用。
- ▶ 掌握 IE 浏览器的基本设置。
- ▶ 掌握有线网络的连接。
- ▶ 掌握无线网络的连接。
- ▶ 掌握"世界大学城"空间平台的建设。

能力目标

能够熟练通过有线与无线的方式使用计算机操作系统的设置连接网络的能力,通过网络以及计算机的应用软件建设新干线平台的能力。

工作场景

家用计算机网络的浏览器设置、知识共享。
小型有线局域网络的组建。
小型无线网络组建。
大学城空间建设平台的建设。

任务 3.1　计算机网络基础

3.1.1　网络基础知识

1. 计算机网络概述

计算机网络就是利用通信线路将具有独立功能的计算机连接起来而形成的计算机集合体，计算机之间借助于通信线路和相应的网络软件来传递信息，共享数据、软硬件等资源。

2. 计算机网络的分类

计算机网络的分类方法很多，下面介绍几种常见的方法。

（1）按网络覆盖的地理范围分类。按网络覆盖的地理范围分类是最常用的分类方法，按照地理范围的大小，可以把计算机网络分为局域网、城域网和广域网 3 种类型。

（2）按网络的拓扑结构分类。按网络的拓扑结构可以将网络分为总线型网络、星型网络、环型网络、网状型网络。局域网中最常见的结构为总线型或星型。

（3）按网络协议分类。根据使用的网络协议，可以将网络分为使用 IEEE802.3 标准的以太网（Ethernet）、使用 IEEE802.5 标准协议的令牌环网（Token Ring），另外还有 FDDI 网、ATM 网、X.25 网、TCP/IP 网等。

（4）按网络交换方式分类。按网络的交换方式可以将网络分为电路交换网、分组交换网、帧中继交换网、信元交换网等。

（5）按传输介质分类。

有线网：是指采用双绞线网络、同轴电缆网络、光纤网络等物理介质进行传输数据的网络。

无线网：是指以卫星、微波、红外线等无线电波为传输介质的数据通信网络。

（6）按传输技术分类。根据所使用的传输技术，可以将网络分为广播式网络和点到点网络。

3. 计算机网络协议

计算机网络协议是有关计算机网络通信的一整套规则，或者说是为完成计算机网络通信而制定的规则、约定和标准。网络协议由语法、语义和时序三大要素组成。

语法：通信数据和控制信息的结构与格式。

语义：对具体事件应发出何种控制信息，完成何种动作以及做出何种应答。

时序：对事件实现顺序的详细说明。

常用的网络协议如下。

（1）电子邮件服务协议。电子邮件传递可以由多种协议实现。目前，在 Internet 网上最流行的三种电子邮件协议是 SMTP、POP3 和 IMAP。

（2）文件传输服务协议。文件传输协议（File Transfer Protocol，FTP）是一个用于在两台装有不同操作系统的机器中传输计算机文件的软件标准。FTP 有两个端口：20 与 21。20 端口用于传输真实数据，21 端口用于传输用户名和密码。

（3）Telnet 远程登录协议。Telnet 是 Internet 的远程登录协议，它可以让你坐在自己的计算机前通过 Internet 网络登录到另一台远程计算机上，这台计算机可以在隔壁的房间里，也可以在地球的另一端。当你登录远程计算机后，你的计算机就仿佛是远程计算机的一个终端，你就可以用自己的计算机直接操纵远程计算机，享受远程计算机本地终端同样的权力。你可以在远程计算机启动一个交互式程序，检索远程计算机的某个数据库，可以利用远程计算机强大的运算能力对某个方程式求解。Telnet 协议基于 TCP 协议传输，端口为 23。

（4）超文本传输协议。HTTP 用于支持 WWW 浏览的网络协议，是一种最基本的客户机/服务器的访问协议。浏览器向服务器发送请求，而服务器回应相应的网页。HTTP 协议从 1990 年开始出现，发展到现在的 HTTP1.1 标准，已经有了相当多的扩展，然而其最基本的实现是非常简单的，服务器需要进行的额外处理相当少，这也是为什么 Web 服务器软件如此众多的原因之一。超文本传输协议 HTTP 基于 TCP 协议传输，端口为 80。

（5）TCP/IP 协议 TCP/IP 协议。（Transfer Control Protocol/Internet Protocol）称为传输控制/网际协议，又称为网络通信协议，这个协议是 Internet 国际互联网络的基础。由网络层的 IP 协议和传输层的 TCP 协议组成。TCP/IP 定义了电子设备如何连入因特网，以及数据如何在它们之间传输的标准。协议采用了 4 层的层级结构，每一层都呼叫它的下一层所提供的协议来完成自己的需求。通俗而言：TCP 协议负责发现传输的问题，一有问题就发出信号，要求重新传输，直到所有数据安全正确地传输到目的地。而 IP 协议是给因特网的每一台计算机规定一个地址。

3.1.2 Internet

1. Internet 简介与发展

1）Internet 的起源

Internet 是在美国较早的军用计算机网 ARPAnet 的基础上，经过不断发展变化而形成的。Internet 的起源主要分为以下几个阶段。

Internet 的雏形形成阶段：1969 年，美国国防部研究计划管理局（Advanced Research Projects Agency，ARPA）开始建立一个名为 ARPAnet 的网络。当时建立这个网络的目的只是为了将美国的几个军事及研究用的计算机主机连接起来，人们普遍认为这就是 Internet 的雏形。发展 Internet 时沿用了 ARPAnet 的技术和协议，而且在 Internet 正式形成之前，已经建立了以 ARPAnet 为主的国际网，这种网络之间的连接模式，也是随后 Internet 所使用的模式。

Internet 的发展阶段：美国国家科学基金会（NFS）在 1985 开始建立 NSFnet。NSF 规划建立了 15 个超级计算中心及国家教育科研网，用于支持科研和教育的全国性规模的计算机网络 NFSnet，并以此为基础，实现同其他网络的连接。NSFnet 成为 Internet 上主要用于科研和教育的主干部分，代替了 ARPAnet 的骨干地位。1989 年 MILnet（由 ARPAnet 分离出来）实现和 NSFnet 连接后，就开始采用 Internet 这个名称。自此以后，其他部门的计算机网相继并入 Internet，ARPAnet 宣告解散。

Internet 的商业化阶段：20 世纪 90 年代初，商业机构开始进入 Internet，使 Internet 开始了商业化的新进程，也成为 Internet 大发展的强大推动力。1995 年，NSFnet 停止运作，Internet 已彻底商业化。这种把不同网络连接在一起的技术的出现，使计算机网络的发展进入了一个新的时期，形成由网络实体相互连接而构成的超级计算机网络，人们把这种网络形态称为 Internet

（互联网络）。

2）Internet 的发展

随着商业网络和大量商业公司进入 Internet，网上商业应用得到高速发展，同时也使 Internet 为用户提供更多的服务。现在 Internet 向多元化方向发展，不仅仅单纯为科研服务，而且正逐步进入到日常生活的各个领域。近几年来，Internet 在规模和结构上都有了很大的发展，已经发展成为一个名副其实的"全球网"。

网络的出现，改变了人们使用计算机的方式；而 Internet 的出现，又改变了人们使用网络的方式。Internet 使计算机用户不再局限于分散的计算机上，同时，也使他们脱离了特定网络的约束。任何人只要进入 Internet，就可以利用网络中的丰富资源。

2．IP 地址和域名系统

IP 地址和 DNS Internet 由成千上万台计算机互联组成，允许任意主机之间进行通信，为了让和 Internet 连接的主机能够互相识别对方，定义了两种方法来标识网上的计算机，分别是 IP（Internet Protocol）地址和 DNS（Domain Name System，域名系统）。

IP 地址是一个 32 位的二进制地址，为了便于记忆，人们将组成 IP 地址的 32 位二进制数分成 4 段，中间用点来隔开。具体的格式和分类如下。

1）IP 地址的格式

IP 地址有二进制和十进制两种格式；十进制格式是将每段 8 位二进制数转换成十进制数。用十进制表示，是为了便于用户和管理人员使用和掌握。

二进制的 IP 地址共有 32 位，例如：10000011，01101011，00000011，00011000。

用十进制表示，上例就变为 131.107.3.24。

2）IP 地址的分类

IP 地址分为五类：A、B、C、D、E。

通用格式为：

M：类的等级号；NET：网络号；HOST：主机号（在 Internet 上的计算机都称为主机）。

等级号标志为 A、B、C。M、NET 和 HOST 号随不同等级在 32 位中所占的位数不同。

3）域名系统

由于用数字难于记忆，所以为了便于解释机器的 IP 地址，人们又采用英文符号来表示 IP 地址，这就产生了域名系统（DNS），并按地理和机构类别来分层。每个域名由几部分组成，每部分称为域，域与域之间用圆点（.）隔开，最末的一组叫根域，前面的叫子域。例如，北京数据通信局的域名为 bta.net.cn。其中，最高域名为 cn（表示中国），次高域名为 net（表示网络机构），主机名为 bta。根域表示提供 Internet 服务的组织机构类型，常用的根域名的代码含义如表 3-1 所示。

表 3-1　常用的根域名的代码含义

代码	名称	代码	名称
com	商业机构	edu	教育机构
gov	政府机构	int	国际机构
mil	军事机构	net	网络机构
org	非营利机构	arts	娱乐机构

续表

代　码	名　　称	代　码	名　　称
firm	工业机构	info	信息机构
nom	个人和个体	rec	消遣机构
store	商业销售机构	web	与www有关的机构

随着Internet的不断发展壮大，国际域名管理机构又增加了国家与地区代码这一新的根域名，采用国家（地区）的英文名称缩写作为根域名中的国家代码，例如，cn表示中国，uk表示英国，jp表示日本。Internet上部分国家（地区）域名代码如表3-2所示。

表3-2　Internet上部分国家（地区）域名代码

代　码	国家/地区	代　码	国家/地区
AR	阿根廷	AU	澳大利亚
AT	奥地利	BY	白俄罗斯
BE	比利时	BR	巴西
BG	保加利亚	KH	柬埔寨
CA	加拿大	GR	希腊
HU	匈牙利	HK	中国香港
IR	伊朗	IQ	伊拉克
IE	爱尔兰	IL	以色列
IT	意大利	JP	日本
KP	朝鲜	KP	韩国
MO	中国澳门	MY	马来西亚
NO	挪威	PK	巴基斯坦
PH	菲律宾	PL	波兰
PT	葡萄牙	RO	罗马尼亚
RU	俄罗斯	SG	新加坡
CN	中国	DK	丹麦
EG	埃及	FI	芬兰
FR	法国	DE	德国
ZA	南非	NZ	新西兰
ES	西班牙	CH	瑞士
UK	英国	US	美国
TW	中国台湾	TH	泰国
CO	哥伦比亚	CU	古巴
ID	印尼	IS	冰岛
SA	沙特	SE	瑞典
KW	科威特	TR	土耳其
NL	荷兰	VN	越南

我国又按行政区域划分了34个行政区代码,采用各行政区域名称拼音的第一个字母组合，例如bj表示北京，cq表示重庆。

域名分为四级：第一级为国别；第二级为机构类型；第三级为机构名称；第四级为主机

名。域名等级示例图如图 3-1 所示。

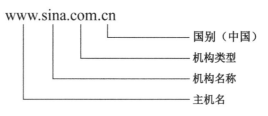

图 3-1　域名等级示例图

3.1.3　局域网连接设置

在寝室或者家中，想分享同一份资料；在玩游戏的时候，想大家一起玩，都可以用局域网来完成。

首先打开"网络和共享中心"，方法有两个：右击任务栏右下角"网络图标"，单击"打开网络和共享中心"。你可以单击 Windows 7 桌面右下角网络表示打开，也可以从"开始"菜单进入"控制面板"，单击"查看网络状态和任务"，如图 3-2 所示。

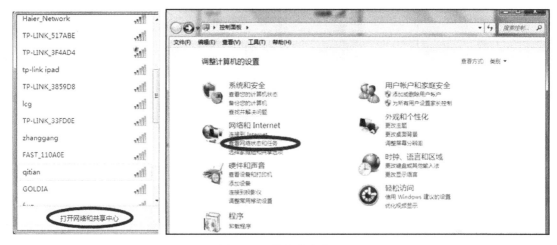

图 3-2　网络和共享中心

然后在"网络共享中心"单击"设置新的连接或网络"，选择"连接到网络"选项即可。

3.1.4　连接互联网

如果需要连接互联网首先就需要更改 IP 地址。同样是在"网络和共享中心"中，单击"更改适配器设置"链接，如图 3-3 所示。

右击"本地连接"图标，在弹出的对话框中，选择"属性"选项，弹出"本地连接属性"对话框，然后选择"Internet 协议版本 4（TCP/IPv4）"选项，如图 3-4 所示。

在 IP 地址栏中填写你自己计算机的 IP 地址（IP 地址分配有地址分配表，如果填写错误或者与他人填写 IP 地址重复都无法联网）、子网掩码、网关、DNS 服务器地址，填写后单击"确定"按钮即可，如图 3-5 所示。

网络互联与信息交流　　项目 3

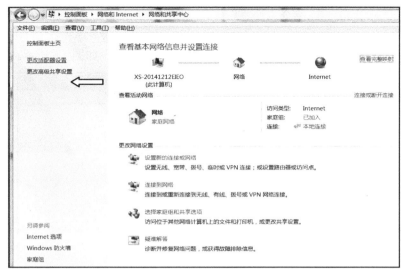

图 3-3　更改适配器

图 3-4　设置本地连接

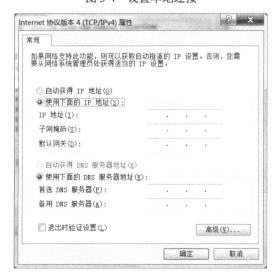

图 3-5　设置 IP 地址

3.1.5 网络资源共享

首先打开"网络和共享中心",选择"更改高级共享设置",如图 3-6 所示。

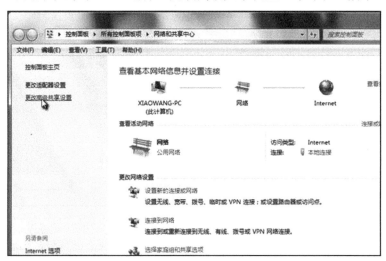

图 3-6 网络和共享中心

选中"启用网络发现"和"启用文件和打印机共享"单选按钮,然后单击"保存"按钮修改,如图 3-7 所示。

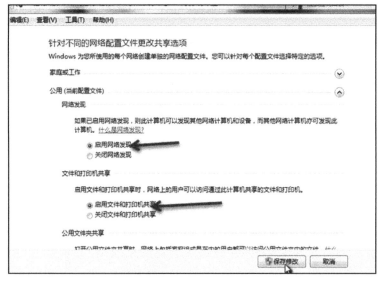

图 3-7 更改共享设置

接着打开"计算机"窗口,用鼠标右键单击,在弹出的快捷菜单中选择"管理"选项,如图 3-8 所示。

在"计算机管理"中,依次单击"本地用户和组"→"用户"→"Guest",双击 Guest 。在"Guest 属性"中,取消选中"账户已禁用"复选框,然后单击"确定"按钮,如图 3-9 所示。

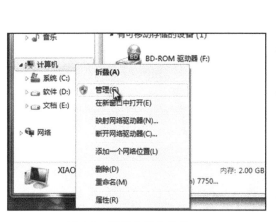

图 3-8 管理共享文件夹

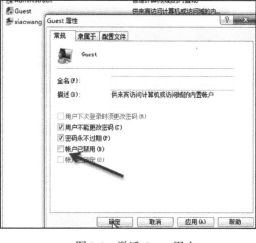

图 3-9 激活 Guest 用户

然后单击"开始"菜单→"控制面板"→"系统和安全"→"管理工具",然后双击"本地安全策略"。接着依次单击"本地策略"→"用户权限分配"→"拒绝从网络访问这台计算机",并双击"拒绝从网络访问这台计算机",在"拒绝从网络访问这台计算机 属性"对话框中,选中"Guest",将其删除,然后单击"确定"按钮,如图 3-10 所示。

图 3-10 更改 Guest 访问权限

接着依次单击:"本地策略"→"安全选项"→"网络访问:本地账户的共享和安全模型",并双击"网络访问:本地账户的共享和安全模型",在"网络访问:本地账户的共享和安全模型 属性"对话框中,选择"仅来宾—对本地用户进行身份验证,其身份为来宾",单击"确定"按钮退出,如图 3-11 所示。

这样设置后,右击将需要局域网共享的文件或文件夹,在弹出的快捷菜单栏中依次选择"共享"→"特定用户"选项。然后再下拉列表中选择"Guest"用户后单击"共享"按钮,这里 Windows 7 局域网共享设置就完成了,如图 3-12 所示。

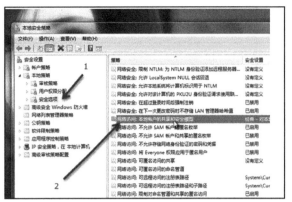
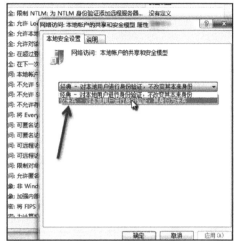

图 3-11　更改安全模型

图 3-12　文件夹共享设置

任务小结

本任务给同学们讲解了计算机网络基础知识，并详细讲解了 Windows 7 中设置网络连接和设置资源共享的操作步骤。

任务 3.2　小型局域网络的连接

2014 年，台式机、笔记本等传统上网设备的使用率保持平稳，移动上网设备的使用率进一步增长，新兴家庭娱乐终端网络电视的使用率达到一定比例。

网络互联与信息交流　项目 3

截至 2014 年 12 月，我国网民规模达 6.49 亿人，全年共计新增网民 3117 万人。互联网普及率为 47.9%，较 2013 年底提升了 2.1 个百分点。有线网络连接的操作技能，越来越成为家庭网络、企业网络、办公网络连接的一项必需的基本技能。

3.2.1　小型有线局域网络连接的操作步骤

有线网络的连接非常简单，将宽带连线连接上路由器入口，用双绞线将路由器其他端口和各台计算机的网卡连接在一起即可。如果路由器提供了 DHCP 服务，计算机就可以通过该服务自动获得有关 IP 地址、子网掩码默认网关以及 DNS 服务器等配置信息，在应用这些信息后，网络连接就建立成功了。

将 MODEM 与路由器交换机的输入接口连接好，每台计算机的网线连接好交换机后，开始设置每台计算机的 IP 地址：

第一步，打开计算机，在桌面中的"网上邻居"上右击，在弹出的快捷菜单中选择"属性"选项，如图 3-13 所示。

第二步，在弹出的窗口中选择"本地连接"并右击，弹出如图 3-14 所示的快捷菜单。

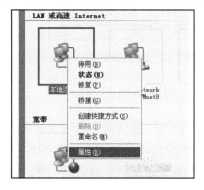

图 3-13　"属性"选项　　　　图 3-14　更改网上邻居属性面板

第三步，选中"Internet 协议（TCP/IP）"并双击，在弹出如图 3-15 所示的"Internet 协议（TCP/IP）属性"对话框中，对每台计算机进行 IP 地址和 DNS 服务器地址的设置。

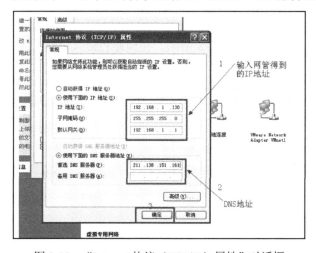

图 3-15　"Internet 协议（TCP/IP）属性"对话框

65

> **注意**
> 每台计算机的 IP 地址前三位保持一致，最后一位必须各不一样。其他设置都完全一致。

第四步，测试网络设置是否成功，在"开始"菜单中选择"运行"命令，如图 3-16 所示，在弹出的对话框中输入"cmd"，然后在弹出的窗口中输入"IPconfig –a"命令并按 Enter 键，如果弹出如图 3-17 所示的信息，即可证明 IP 地址设置成功。

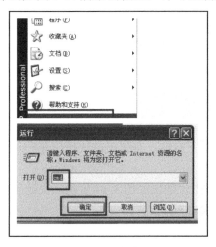
图 3-16　运行窗口

图 3-17　IP 调试窗口

3.2.2　小型无线局域网络的连接

截至 2014 年 12 月，我国网民规模达 6.49 亿人，全年共计新增网民 3117 万人。互联网普及率为 47.9%，较 2013 年底提升了 2.1 个百分点。在家里使用计算机接入互联网的城镇网民中，家庭 Wi-Fi 的普及情况已达到很高水平，比例为 81.1%。其中 Wi-Fi 无线网络的使用，能非常方便用户使用。越来越成为办公用户、家庭用户以及企业用户使用城市互联网的一种方式，所以，如何连接无线网络的操作技能，已经成为家庭网络、企业网络、办公网络连接的一项基本技能。

操作步骤如下。

第一步，确保首先将电信或者联通的宽带进线连接好无线路由器的输入端。

第二步，打开 IE 浏览器，如图 3-18 所示，在地址栏输入"192.168.1.1"命令并回车，在弹出如图 3-19 所示的对话框中输入密码。

图 3-18　无线路由器 IP

图 3-19　输入账号和密码

第三步，在系统中选择"设置向导"，单击"下一步"按钮，如图 3-20 所示。

第四步，选择宽带网络类型，如图 3-21 所示。

图 3-20　设置向导

第五步，单击"下一步"按钮，在弹出的窗口中输入上网账号和密码，如图 3-22 所示。

图 3-21　设置网络类型　　　　图 3-22　输入上网账号和密码

第六步，设置上网密码，如图 3-23 所示的第二栏，输入你所想要设置的密码，单击"下一步"按钮，保存完毕。

第七步，打开你的笔记本，通过右下角的无线选项选择网络，输入刚才设置的密码，如图 3-24 所示。

图 3-23　设置无线密码　　　　图 3-24　输入网络安全密钥

网络连接正常，无线网络路由器设置完毕。

任务小结

本任务主要通过有线网络组建与无线网络组建两方面给同学们讲解了 Windows 7 中建立小型局域网的操作步骤。

任务 3.3 "世界大学城"职教新干线平台建设

随着我国教育信息化建设的稳步推进,信息技术与传统教学模式的整合也受到越来越多的关注。2012年湖南正式推广职业教育网络学习平台(在世界大学城上开设有机构空间,由省教科院职业教育与成人教育研究所负责建设,是我省职业教育优质资源共建共享的公共网站集群。"职教新干线"就是我们在世界大学城上所开设的机构与个人之间)。随着职教新干线的功能在不断增强,几乎所有高职院校的学生都在网上拥有了自己的新干线主页,如何建立学生的个人新干线平台,成为每个高职院校的学生必须完成的任务。下面主要介绍建设新干线平台的几个主要功能。

3.3.1 如何登录"世界大学城"

在浏览器地址栏中输入"www.worlduc.com",进入"世界大学城"云平台,输入账号、密码,如图3-25所示。

图 3-25 登录"世界大学城"云平台

备注:浏览器 IE8.0(版本)以上。

3.3.2 如何推荐视频在"我的空间主页"播放

(1)两种方式:
① 打开任意一个视频,单击视频下方"推荐到空间播放",如图3-26所示。

图 3-26 将"视频"在"我的空间主页"播放

② 任意打开一个用户的空间,将鼠标移至视频位置,在"视频播放列表"中,单击"推荐到空间播放"。

(2) 可选择多个视频在"我的空间主页"循环播放,进入"我的管理空间",单击"设置管理"版块,如图 3-27 所示。

图 3-27　我的管理空间

(3) 选择"空间设置",单击"空间推荐视频设置",如图 3-28 所示,已成功推荐的视频在这里进行汇集,想展示所需要的视频,只需选中视频名称前的复选框即可,保存后即可在"我的空间主页"播放。

图 3-28　空间推荐视频设置

(4) 在"我的管理空间"首页,单击"装扮空间",在"增删模块"中要保证"视频播放"模块是被选中的状态。这样"视频播放"模块才会在"我的空间主页"页面展示,如图 3-29 所示。

图 3-29　装扮空间

> **注意**
> 未审核通过的视频不能推荐到空间展示页的中间位置播放。

3.3.3　如何上传照片

进入"我的管理空间"→"相册管理"页面,首先创建相册,如图 3-30 所示,进入如

图 3-31 所示的窗口，单击"浏览"按钮，上传自己的照片，保存即可。

 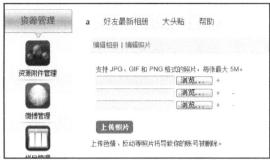

图 3-30　创建相册　　　　　　　　　　　　图 3-31　上传照片

进入"我的管理空间"→"设置管理"→"个人资料设置"→"上传头像"页面，单击"浏览"按钮从本地浏览图像，再次单击"上传头像"按钮即可，如图 3-32 与图 3-33 所示。

图 3-32　管理设置

图 3-33　上传头像

3.3.4　如何显示、隐藏固定栏目，如何建立自创栏目

（1）依次单击"我的管理空间"→"栏目管理"→"固定栏目"页面，如想隐藏某一个栏目，只需将一级栏目勾选去掉，单击"保存"按钮即可，如图 3-34 与图 3-35 所示。

图 3-34　栏目管理

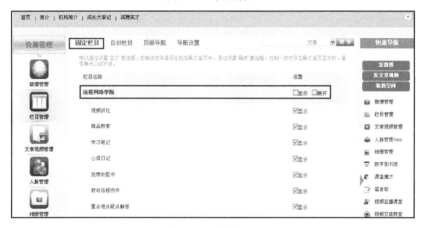

图 3-35　隐藏栏目

（2）如想展示某个栏目下的多个子集栏目，只需将不需要展示的栏目勾选去掉，单击"保存"按钮即可，如图 3-36 所示。

图 3-36　不需要展示的栏目

(3) 创建栏目：

① 进入"栏目管理"→"自创栏目"页面后，填写"栏目名称"，选择"属性"，即"视频"、"博客"两种，属性选择完成后，单击"添加"按钮，如图 3-37 所示。

图 3-37 创建栏目

② 一级栏目添加成功后，单击"添加子级栏目"按钮，填写子级栏目名称，单击"添加"按钮，如图 3-38 与图 3-39 所示。

图 3-38 添加子级栏目　　　　　　　　图 3-39 填写子级栏目名称

注意

一定要添加一级栏目的子级栏目，如果不添加，无法发表文章（课件）。

③ 创建成功后，在"我的空间主页"显示，如图 3-40 所示。

图 3-40 "我的空间主页"显示创建的栏目

④ 如图 3-41 所示，设置显示、展开、排序、删除属性。

图 3-41 设置属性

3.3.5 如何在自己的空间上传视频

世界大学城目前只支持 FLV 制式的视频文件上传。上传步骤如下。

（1）登录"世界大学城"，进入"我的管理空间"页面，单击"资源管理"图标，如图 3-42 所示。

图 3-42　资源管理

（2）进入"资源管理"后，单击"文章视频管理"图标，如图 3-43 所示。

图 3-43　文章视频管理

（3）进入"文章视频管理"后，单击"视频栏目"标签，如图 3-44 所示。

图 3-44　视频栏目

（4）单击"展开"按钮进入要发表视频的"视频栏目"，如"远程网络学院"，单击"视频讲坛"后的"发表"按钮，如图 3-45 所示。

图 3-45　发表视频讲坛

（5）可以将视频分为多个类别，单击"自创分类栏目"标签，在"栏目名"后面填写自创栏目的名称后，单击"新增"按钮，如图 3-46 所示。

（6）"世界大学城"为用户提供了两种上传视频的方式。

第一种：单击"普通上传"标签，单击"选择文件"按钮，选择需要从计算机中上传到"世界大学城"的视频，补充标题、内容介绍、标签（关键字），并选择需要上传到的自创栏目和世界大学城的栏目，如图 3-47 所示。

图 3-46 自创分类栏目　　　　　　　　　　图 3-47 普通上传

第二种："高级上传"详细说明请单击"高级上传帮助说明"按钮。

（7）当视频上传的进度条消失并提示用户视频已经上传完成，显示"1 个文件已上传"，单击"发布"按钮，如图 3-48 所示。

（8）视频上传完成后，显示"上传文件成功，请等待审核"，该视频经过后台管理者审核后，就可以成功播放了，如图 3-49 所示。

 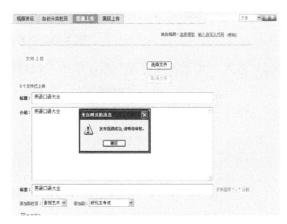

图 3-48 上传文件进度　　　　　　　　　　图 3-49 视频上传完成

补充说明：如果单击播放视频的时候，系统提示"这个视频被禁用"，表明视频还没有被后台管理者审核通过，请耐心等候。

3.3.6 Word 文章与课件如何发表

（1）登录"世界大学城"，进入"我的管理空间"页面，单击页面右侧"发文章视频"，进入"发文章视频"页面后,有"文章栏目"、"视频栏目"、"VIP 视频栏目"三项,以已发文章为例,单击"文章栏目"页面,显示所有文章栏目,选择要发表文章的栏目再单击"展开"按钮,如"环球新闻中心",如图 3-50 所示。

(2)单击"展开"按钮后,会展示该一级栏目的子级栏目,单击任意子级栏目右侧的"发表"按钮,如"发布的新闻",如图 3-51 所示。

图 3-50　发表文章视频　　　　　　　　　图 3-51　发布的新闻

(3)进入"发表"页面后,只需将文章的标题、标签(关键字)、添加到的自创栏目、添加到的世界大学城栏目及文章内容补充完毕,输入验证码,单击"发表"按钮即可,如图 3-52 所示。

图 3-52　"发表"页面

3.3.7　如何将 Word、Excel 课件转换成 SWF 格式再上传

(1)软件下载和安装。

① 下载:请下载或购买正版 Word 转化 SWF.软件 FlashPaper,如图 3-53 所示。

② 安装:安装成功后将 Word 文件转换成 SWF 文件。

(2)文件转换完成后,登录"世界大学城",进入个人云空间,

图 5-53　FlashPaper 软件图标

选择要发表文章的栏目,进入"文章发表"页面。填写文章的"标题"、"标签",选择"添加到栏目",将刚刚转换好的 PDF 格式的文件以附件形式上传,上传成功后,单击"插入编辑器",如图 3-54～图 3-58 所示。

(3) 右击编辑器中的"Flash"图标,在弹出的快捷菜单中选择"Flash 属性"选项,可修改 Flash 的高、宽,如图 3-59 与图 3-60 所示。

(4) 输入验证码,单击"发布"按钮即可。发表成功后,单击"浏览该文章",PDF 格式文章插入成功,如图 3-61 所示。

图 3-54　个人云空间

图 3-55　填写文章的标题、标签

图 3-56　选择文件

图 3-57　插入编辑器

图 3-58　插入成功提示

图 3-59　Flash 图标

网络互联与信息交流　项目 3

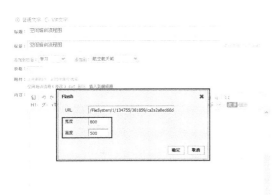

图 3-60　修改 Flash 的高、宽

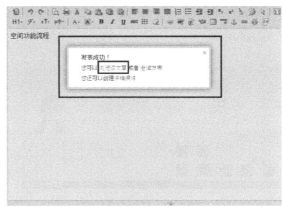

图 3-61　浏览该文章

3.3.8　空间装扮

世界大学城"个人空间装扮"功能全面改版升级，新增"模板风格配色、版面布局选择、版面自由拖曳、功能模块自由添减与模块自定义、高级设置"功能。空间的装扮、模块风格可以根据个人喜好自主设计，独具特色的装扮更加彰显用户的个性。

1．主页版块设置

登录进入"我的管理空间"，单击管理空间的"设置管理"图标，如图 3-62 所示，然后选择"主页版块设置"，如图 3-63 所示。

用户也可以直接单击"装扮空间"（见图 3-62）快捷图标直接进入"空间装扮"页面。

图 3-62　设置管理

图 3-63　主页版块设置

2．风格配色

单击"风格配色"，自由选择喜欢的风格本色，色调决定空间的内容区域和文字用什么颜色，如图 3-64 所示。还可单击"空间风格设置"图标，进行"风格配色"，如图 3-65 所示。两者装扮的效果是相同的。

由于新版刚刚上线，提供给广大用户的选项不多。待新版上线完成后，世界大学城设计制作中心将为广大用户提供丰富多彩的模板。欢迎用户奉献更多极富创意的空间装扮佳作。

77

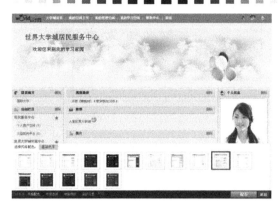

图 3-64 风格配色

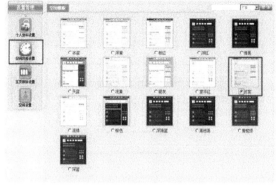

图 3-65 空间风格设置

3．布局选择

单击"布局选择",根据你的空间需求选择空间版式、布局比例,如图 3-66 所示。

4．增删模块及自由拖曳

单击"增删模块",想要在空间主页显示哪些基础模块,只需选中需要显示的模块,对应的模块就会显示在下方的主页上,如图 3-67 所示。

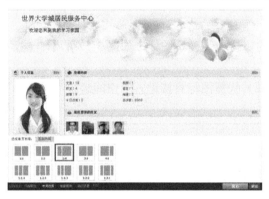

图 3-66 布局选择

图 3-67 增删模块

可以拖动各个模块,将其拖曳到合适的位置。个人空间所有模块,如个人信息、资源热度、最近登录的好友等模块,只需将鼠标置于模块的标题栏上,当鼠标变为移动模式后即可上下、左右自由拖曳。调整好位置后,单击"保存"按钮即可生效。

3.3.9 好友管理

（1）进入"好友管理"页面,如图 3-68 所示。

注：将鼠标移至要操作用户的头像上。

① 可给该好友"发私信"、"打招呼"。

② 可将该好友"加入黑名单",可以"编辑好友信息"、"解除好友关系"。

③ 好友列表页面默认显示 16 位好友,单击"查看剩余未加载项"按钮可展开剩余好友,每次单击该按钮继续加载 16 位好友。

网络互联与信息交流　项目 3

图 3-68　"好友管理"页面

（2）如何添加好友？

第一步：可通过"世界大学城"提供的"搜索"对话框，输入用户名、选择"居民空间"，单击"搜索"按钮，查找到用户，如图 3-69 所示；也可通过"世界大学城"首页、任一大型机构平台或者任一用户空间找到用户，如图 3-70 所示。

图 3-69　查找用户

图 3-70　"世界大学城"首页

第二步：进入搜索到的用户空间，单击头像下方的"加为好友"按钮。

第三步：单击"加为好友"按钮后，可将该好友添加到已有好友分组中，如图 3-71 所示。

79

也可在"添加分组"中新建好友分组,设置好友"备注姓名",单击"完成"按钮,则该好友添加到新建好友分组中,如图3-72所示。

图 3-71　加为好友　　　　　　　　　图 3-72　添加分组

第四步:单击"完成"按钮后,系统提示"添加好友成功!请耐心等待对方验证!",单击"确定"按钮,待对方同意您的好友请求后,该用户即被添加为您的好友。

(3)如何编辑分组与批量移动成员?

进入"好友分组管理"页面,将鼠标移动到需要进行编辑的好友分组上,该分组右侧将显示"编辑分组"、"删除分组"、"查看成员"、"移动成员"四项操作,如图3-73所示。系统默认的"未分组"仅可进行"查看成员"和"移动成员"操作,如图3-74所示。

图 3-73　好友分组管理　　　　　　　图 3-74　未分组

"编辑分组"可修改该分组名称,如图3-75所示。

"删除分组"可删除该分组,如图3-76所示。分组下若有好友,将不允许被删除,需将该组好友移动到其他分组下或将该组好友全部解除好友关系再删除分组。

图 3-75　编辑分组　　　　　　　　　图 3-76　删除分组

"查看成员"可查看该分组下所有成员。单击"查看成员"进入分组成员管理页面。可对某位好友进行"加入黑名单"、"编辑好友信息"、"解除好友关系"、"发私信"、"打招呼"、"移动分组"操作,如图3-77所示。

单击一个或多个好友后可拖曳至下方其他好友分组中完成好友分组操作。选中需要移动分组的好友,若需要选择多个好友,只需分别单击好友即可。待该好友展示图标变为深灰色后,将该好友拖曳到下方分组框即可,同时新增好友数、全部好友数会在该好友分组框内显示,如图3-78与图3-79所示。

网络互联与信息交流 项目 3

图 3-77　查看成员

图 3-78　好友分组操作

图 3-79　显示好友数

"移动成员"可将分组成员整组移到其他分组下。

任务小结

本任务主要讲解"世界大学城"空间的基本建设。

项目综合实训

（1）有以下设备：联通宽带进线一根，网线五根，外置 MODEM 一个，笔记本三台，小型 5 口路由器交换机一个，请通过宽带让三台笔记本通过网线上网。

操作提示：

① 将联通宽带进线连接上 MODEM。

② 通过网线将 MODEM 与路由器的入口连接。

③ 通过网线连接路由器与其他笔记本的网线接口相连。如果路由器绿灯正常闪烁以及笔记本网线接口绿灯正常闪烁表示硬件连接正常。

④ 设置每台笔记本的 IP 地址。

（2）有以下设备：联通宽带进线一根，网线五根，外置 MODEM 一个，笔记本三台，无线路由器交换机一个，请通过设置无线路由器让三台笔记本通过无线上网。

操作提示：
① 将联通宽带进线连接上 MODEM。
② 通过网线将 MODEM 与路由器的入口连接。
③ 打开笔记本的 IE 浏览器，地址栏输入"192.168.1.1"，设置无线路由器，详情请见任务 3.3。

（3）有通过世界大学城空间完成以下任务。
① 更改自己的登录用户名与密码。
② 给自己的空间设置一个美化模板。
③ 在空间新建相册，上传照片十张，上传大头贴一个。
④ 在空间左侧设置以下四个栏目为"我的简历"、"我的学习"、"我的爱好"、"心情文章"。
⑤ 添加班级同学为好友，要求 10 个以上。
⑥ 在每个栏目中上传 10 篇文章至空间，文章内容不限。

操作提示：
详情请见任务 3.3。

项目总结

通过本项目的学习，我们了解了一些网络基本知识，包括网络基本概念和分类，主要网络协议，Internet、IP 地址、域名系统等；初步掌握了网络连接设置、资源共享设置、"世界大学城"应用等网络操作和应用的技巧和方法。

文字排版处理（Word 2010）

本项目学习常规的文字排版处理技术。文字排版处理在办公和日常生活中都有极其广泛的应用价值。能够完成文字排版处理的软件有很多，本项目将以 Office 2010 中的组件 Word 2010 为例进行介绍。

知识目标

- 熟悉 Word 2010 的工作界面。
- 掌握文档的操作加密和解密。
- 掌握查找和替换功能。
- 掌握 Word 2010 的页面设置、字体与段落设置等操作。
- 掌握美化文档的方法。
- 掌握在 Word 2010 中插入图片、剪贴画、艺术字和文本框的操作。
- 掌握样式与模板。
- 掌握文档打印、预览的操作。

能力目标

能够熟练使用 Word 2010 编辑、排版日常工作和生活中各类制式文档或自编文档，能够掌握文档创建、编辑、排版、打印全流程操作。

工作场景

日常办公中常规文档的编辑、排版。
个人求职所需简历的制作。
工程人员项目标书等常用文档的制作。

任务 4.1 会议通知制作

会议通知是日常工作中最常见的制式文档之一,我们通过学习制作会议通知,可以掌握日常简易文档的创建、编辑排版与打印。

4.1.1 样文展示及分析

1. 样文展示

首先来看一份常见的会议通知,如图 4-1 所示。

关于召开湖南水利水电职业技术学院优秀班级
现场工作会议的通知

学院各系部:

经学院研究决定,为加强学院各优秀班级之间的经验交流,兹定于 2014 年 5 月 12 日(周一)召开"湖南水利水电职业技术学院优秀班级现场工作会议",现将有关事项通知如下:

一、会议地点:办公楼三楼会议中心
二、会议时间:2014 年 5 月 12 日(周一)下午 2:30~4:30
三、会议议程:
  1. 观摩课
  2. 学生才能展示
  3. 大会交流
    ◆ 优秀班级工作总结
    ◆ 优秀班级经验交流
    ◆ 学工处、教务处领导讲话
四、参加会议对象:
  1. 分管院领导
  2. 学工处领导一名
  3. 教务处领导一名
  4. 优秀学生班级代表

                              湖南水利水电职业技术学院 学工处
                              2014 年 5 月 8 日

图 4-1 会议通知范例

2. 任务分析

那么,制作一份日常会议通知,我们需要掌握哪些基本操作技能呢?第一,需要创建一个 Word 新文档并命名保存;第二,需要录入文字并进行一些基本的格式设置,包括字体和段落格式设置;第三,需要添加编号和项目符号;第四,进行最后的排版和页面设置,即可打印输出。

4.1.2 创建工作文档

1．熟悉 Word 界面

在创建工作文档之前，首先熟悉 Word 2010 的工作界面。

Word 2010 的工作界面包括"文件"选项卡、快速访问工具栏、标题栏、功能区、状态栏和文档编辑区等内容。与 Word 2007 的工作界面相比，Word 2010 的工作界面新增了"文件"选项卡，如图 4-2 所示。

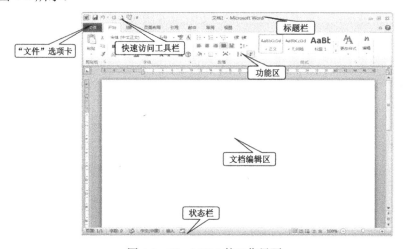

图 4-2　Word 2010 的工作界面

1）"文件"选项卡

在 Word 2010 的工作界面中，单击"文件"选项卡后，可以看到在"文件"选项卡中主要包含了"保存"、"另存为"、"打开"、"关闭"、"信息"、"最近使用文件"、"新建"、"打印"、"保存并发送"、"帮助"、"选项"和"退出"等选项，如图 4-3 所示。

2）快速访问工具栏

用户可以使用快速访问工具栏快速使用常用的功能，如保存、撤销、恢复、打印预览和打印等功能，如图 4-4 所示。

图 4-3　"文件"选项卡

图 4-4　快速访问工具栏

3）标题栏

标题栏中间显示当前文件的文件名和正在使用的 Office 组件的名称，如"文档 1-Microsoft Word"。在标题栏的右侧有 3 个窗口控制按钮，分别为"最小化"按钮、"最大化"按钮和"关闭"按钮，如图 4-5 所示。

图 4-5　标题栏

另外，用户还可以在标题栏上右击，打开窗口控制菜单，通过菜单选项操作窗口，如还原、移动、大小、最小化、最大化和关闭等，如图 4-6 所示。

4）功能区

功能区几乎涵盖了所有的按钮、库和对话框。功能区首先将控件对象分为多个选项卡，然后在选项卡中将控件细化为不同的选项组，如图 4-7 所示。

图 4-6　窗口控制菜单

图 4-7　功能区

5）文档编辑区

文档编辑区是工作的主要区域，用来实现文档的编辑和显示。在进行文档编辑时，可以使用水平标尺、垂直标尺、水平滚动条和垂直滚动条等辅助工具，如图 4-8 所示。

6）状态栏

状态栏提供了页面、字数统计、拼音、语法检查、改写、视图方式、显示比例和缩放滑块等辅助功能，以显示当前文档的各种编辑状态，如图 4-9 所示。

图 4-8　文档编辑区　　　　　　　　　　图 4-9　状态栏

2．创建工作文档

熟悉了 Word 2010 的工作界面后，下面来创建工作文档。创建文档的方法有以下几种。

1）创建空白文档

默认情况下，每一次启动 Microsoft Word 2010，都会自动创建一个空白 Word 文档，用户可以对文档进行各种编辑操作。

打开 Word 2010，在"文件"选项卡的下拉列表中选择"新建"选项，在打开的"可用模板"设置区域中选择"空白文档"选项,然后单击"创建"按钮,即可创建空白的 Word 文档,如图 4-10 所示。在本案例中,采用此种方法来创建工作文档。

2）创建系统自带的模板文档

也可使用模板来创建新文档,系统已经将文档模式进行了预设,用户在使用的过程中,只需再根据文档的提示填写相关的文字即可。例如,对于想制作一个毛笔临摹字帖的用户来说,通过 Word 就可以轻松实现,具体的操作步骤如下。

（1）在 Word 2010 中,选择"文件"选项卡中的"新建"选项,在打开的"可用模板" 设置区域中选择"书法字帖"选项,然后单击"创建"按钮,如图 4-11 所示。

图 4-10　创建空白文档　　　　　　　图 4-11　创建"书法字帖"模板

（2）　文档创建后弹出"增减字符"对话框,在"可用字符"列表框中选择需要的字符,如图 4-12 所示,单击"添加"按钮,即可将字符添加到文档中。

（3）　单击"关闭"按钮,即可完成对书法字帖的创建,如图 4-13 所示。

图 4-12　"增减字符"对话框　　　　　　图 4-13　书法

3）创建专业联机模板文档

除了系统自带的模板外,微软公司还提供了很多精美的专业联机模板。用户可以单击"文件"选项卡,然后选择"新建"选项,在打开的"可用模板"区域的"Office.com 模板"选项中选择任意一类,如这里选择"假日贺卡",在弹出的贺卡模板中选择一个模板,如图 4-14

所示，单击"下载"按钮即可开始下载相应模板并生成文档。

图 4-14　创建联机模板

3．保存工作文档

创建 Word 文档之后，就可以立即保存文档，之后再开始输入文本。

1）保存和另存为文档

用户在文档编辑的过程中，应养成随时保存文档的良好习惯，以免由于操作失误或计算机故障等造成数据丢失。

（1）保存新建文档。在打开的文档中，单击"快速访问工具栏"中的"保存"按钮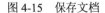，或单击"文件"菜单，在打开的菜单命令列表中选择"保存"命令，都可以对文档进行保存，如图 4-15 所示。

如果当前文档是新建文档，系统将弹出"另存为"对话框，输入相应的文件名，单击"保存"按钮即可，如图 4-16 所示。

图 4-15　保存文档

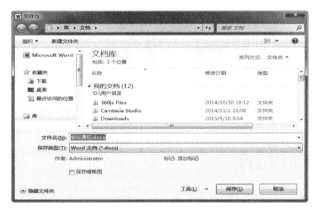

图 4-16　"另存为"对话框

> 提示
>
> 用户可以使用 Ctrl+S 组合键进行快捷的"保存"操作，Word 2010 中默认保存的文档类型为 Word 文档，后缀名称是.docx。Word 2010 会根据当前的文档内容自动地产生一个文件名，用户可根据需要更改文件名。

（2）文件另存。如果用户需要对当前的文档重命名、更换保存位置或更改文档类型，可以选择"文件"选项卡中的"另存为"选项，弹出"另存为"对话框，重新选择保存位置，在"文件名"文本框中输入文档的名称，在"保存类型"列表框中选择要保存文档的类型，然后单击"保存"按钮即可另存文件。

2）输入文本

用户在文档中输入文本时，最主要的就是输入汉字和英文字符。Word 2010 的输入功能强大且易用，只要会使用键盘打字，就可以方便地在文档中输入文字内容。

输入文字过程中，如果输入错误可以按 Backspace 键删除错误的字符，然后再输入正确的字符。同时，当输入的文字到达一行的最右端时，输入的文本会自动跳转到下一行。如果在未输入完一行时就要换行输入，则可按 Enter 键来进行换行，这样会产生一个段落标记"↵"。如果按 Shift+Enter 组合键来结束一个段落，这样也会产生一个段落标记"↓"，虽然此时也能达到换行输入的目的，但这样并不会结束这个段落，只是换行输入而已，实际上前一个段落与后一个段落仍为一个整体，在 Word 中仍默认它们为一个段落。

下面就将本案例中的文字录入到文档中，如图 4-17 所示。

图 4-17　录入案例文本

4.1.3　字体格式设置

文字录入完成之后，就可以进行相应的编辑排版操作了，也就是进行各种格式设置。针对文本，最主要的就是字体和段落格式设置了。

首先进行字体格式设置，字体格式设置的好坏直接影响到文本内容的可读性，优秀的文本样式可以给人简洁、易读的感觉，如图 4-18 所示。

Word 2010 中提供了便捷地更改字体的方法，用户可以按照以下几种方法改变字体格式。

1．使用"快捷字体工具栏"修改文本格式

选择需要更改格式的文本后，Word 2010 会自动弹出"快捷字体工具栏"，此时菜单显示为半透明状态，当鼠标进入此区域时将变为不透明，如图 4-19 所示。

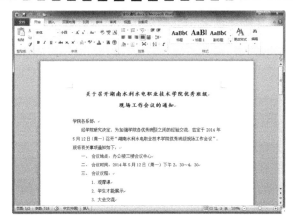
图4-18 设置字体样式

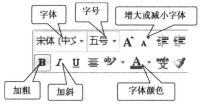
图4-19 快捷字体工具栏

(1) 改变字体。选择第一、二行,在"字体"下拉列表中选择"楷体"选项,即可将字体更改为"楷体",如图4-20所示。

图4-20 选择字体

(2) 改变字号。选择第一、二行,在"字号"下拉列表中选择"三号"选项,即可将标题文本的字号更改为"三号"大小,将剩余文本的字号设置为小四,如图4-21所示。

图4-21 设置字号为"小四"

另外，用户还可以使用菜单中的"增大字体"按钮或者"缩小字体"按钮来改变字体的大小。

（3）加粗字体和倾斜字体。选择需要更改字体的文本，在菜单中单击"加粗"按钮可对文本加粗，单击"倾斜"按钮可使文本倾斜，如图4-22所示。

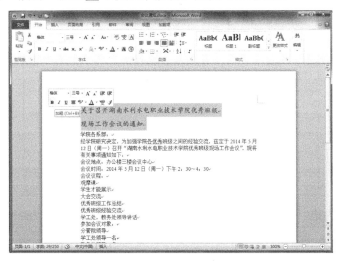

图4-22 加粗后的效果

（4）设置字体颜色。选择需要更改颜色的文本，然后在菜单中单击"字体颜色"右侧的下三角形按钮，在"颜色"下拉菜单中选择想要更改的颜色，即可更改文字的颜色，如图4-23所示。

图4-23 设置字体颜色

2．使用工具栏修改文本格式

除了通过"快捷字体工具栏"更改字体格式外，还可以利用"开始"选项卡中的"字体"选项组中的相关命令来更改。

"字体"选项组中的大部分按钮和"快捷字体工具栏"中的一致，其他一些按钮及功能如表4-1所示。

表 4-1　快捷字体工具栏按钮

按钮	功能
(Aa)	清除格式
文	显示文本的拼音
A	在一组字符周围添加边框
U ▾	为文本添加下画线
abc	为文本添加删除线
x_2	为文本添加下标
x^2	为文本添加上标
Aa ▾	更改英文大小写
ab ▾	以不同颜色突出显示文本
A	为文本添加底纹背景
字	改变字体为带圈字符

这里需要强调的是，对于不需要的格式，可以在"开始"选项卡的"字体"选项组中单击"清除格式"按钮，将设置的格式完全清除，恢复到默认状态。选择需要清除格式的文本，然后单击"清除格式"按钮，原来设置的格式即会被清除。

4.1.4　段落格式设置

段落样式是指以段落为单位所进行的格式设置。本节讲解设置段落的对齐方式、段落的缩进以及设置行间距和段间距等内容。

1．设置对齐方式

编辑文档后，对文档进行排版，可以让文档看起来更为美观。对齐方式就是段落中文本的排列方式。Word 2010 提供了常用的 5 种对齐方式，如表 4-2 所示。

用户可以根据需要，在"开始"选项卡的"段落"选项组中单击相应的按钮，设置其对齐方式。本案例中，将标题设置

表 4-2　段落对齐方式

按钮	功能
≡	使文字左对齐
≡	使文字居中对齐
≡	使文字右对齐
≡	将文字两端同时对齐，并根据需要增加字间距
≡	使段落两端同时对齐，并根据需要增加字符间距

为居中对齐，正文设置为两端对齐，最后两行设置为右对齐，如图 4-24 所示。

2．设置段落缩进

缩进是指段落到左右页边距的距离。根据中文的书写形式，通常情况下，正文中的每个段落都会首行缩进两个字符。

单击"开始"选项卡中的"段落"选项组中右下角的"段落"按钮，弹出"段落"对话框，选择"缩进和间距"选项卡，在"缩进"选项中可以设置缩进量，如图 4-25 所示。

（1）左缩进。在"缩进"选项区域中的"左侧"微调框中输入"10 字符"，如图 4-26 所示，单击"确定"按钮，即可对光标所在段落左侧缩进 10 个字符，如图 4-27 所示。

文字排版处理（Word 2010） 项目 4

图 4-24 对齐方式　　　　　　　　　　　　图 4-25 "段落"对话框

图 4-26 设置"左缩进"　　　　　　　图 4-27 左缩进 10 字符的效果

用户还可以直接单击"开始"选项卡中的"段落"选项组中的"减少缩进量"按钮 或"增加缩进量"按钮 ，减少或增加左缩进量，每单击一次，可缩进 1 个字符。

（2）右缩进。在"缩进"选项区域中的"右侧"微调框中输入"16 字符"，如图 4-28 所示，单击"确定"按钮，即可实现对光标所在段落右侧缩进 16 个字符，如图 4-29 所示。

（3）首行缩进。选定正文部分，在"缩进"选项区域中的"特殊格式"下拉列表中选择"首行缩进"选项，在右侧的"磅值"微调框中输入"2 字符"，单击"确定"按钮，即可实现段落首行缩进 2 字符，如图 4-30 和图 4-31 所示。

（4）悬挂缩进。在"缩进"选项区域中的"特殊格式"下拉列表中选择"悬挂缩进"选项，然后在右侧的"磅值"微调框中输入"8 字符"，单击"确定"按钮，即可实现本段落除首行外其他各行缩进 8 字符，如图 4-32 和图 4-33 所示。

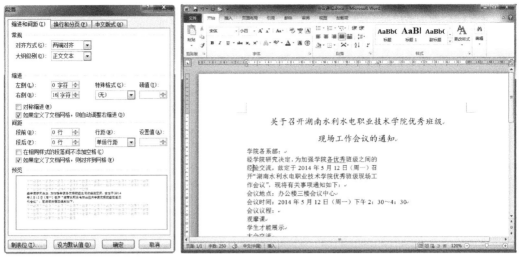

图 4-28 设置"右缩进"　　　　图 4-29 右缩进 16 字符的效果

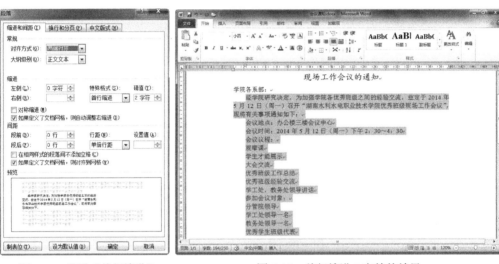

图 4-30 设置"首行缩进"　　　　图 4-31 首行缩进 2 字符的效果

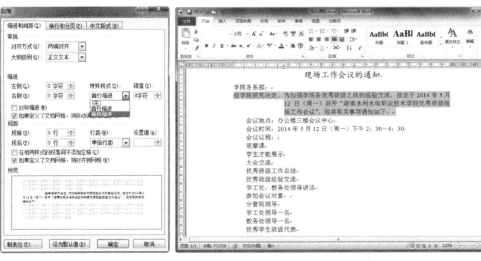

图 4-32 设置"悬挂缩进"　　　　图 4-33 悬挂缩进 8 字符的效果

3. 设置行间距和段间距

行间距是指行与行之间的距离，段间距是指文档中段落与段落之间的距离。

（1）设置行间距。选择要设置行间距的文本，单击"开始"选项卡的"段落"选项组中的"行和段落间距"按钮，在下拉列表中选择"1.5"选项，即可将选定段落行距更改为"1.5倍行距"，如图4-34所示。

图4-34 设置行间距

同时，还可以在"段落"对话框中选择"缩进和间距"选项卡，在"间距"选项区域中的"行距"下拉列表中选择相应的行距大小。如果选择"最小值"、"固定值"或"多倍行距"选项，还需要在右侧的"设置值"微调框中输入具体的数值，如图4-35和图4-36所示。

图4-35 设置"行距" 　　　　　图4-36 "设置值"微调框

（2）设置段间距。将鼠标光标放置在要设置段间距的文本中，选择"段落"对话框中的"缩进和间距"选项卡，在"间距"选项组中的"段前"和"段后"微调框中输入相应的数值，如输入"1 行",即可更改段前和段后的间距,如图 4-37 所示。

另外,还可以在"页面布局"选项卡的"段落"选项组中的"间距"选项中设置段间距,如图 4-38 所示。

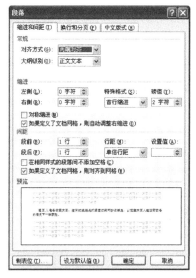

图 4-37 设置段间距

图 4-38 "段落"选项组

4.1.5 查找与替换

在介绍后继操作之前,来讲讲 Word 2010 文档编辑中经常用到的实用技能——查找与替换。通过查找功能,用户可以快速搜索并定位到需要的文本位置,对于内容较多的文档来说非常实用。用户也可以使用替换功能,将查找到的文档或文档格式替换为新的文本或格式。

1. 定位文档

定位也是一种查找,它可以定位到一个指定位置,而不是指定的内容,如某一页。具体的操作步骤如下。

(1)单击"开始"选项卡中的"编辑"选项组中的"查找"按钮,在其下拉菜单中选择"转到"命令,弹出"查找和替换"对话框并选择"定位"选项卡,如图 4-39 和图 4-40 所示。

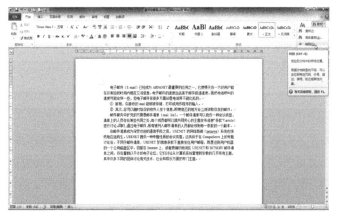

图 4-39 "转到"命令

文字排版处理（Word 2010）　　项目 4

图 4-40　"查找和替换"对话框

（2）在"定位目标"列表框中选择定位方式，在右侧相应的文本框中输入定位的位置，如图 4-41 所示。然后单击"定位"按钮，将定位到第 2 页。

图 4-41　定位目标

技巧
如果在"输入页号"文本框中输入"+1"，则会被定位到当前页的下一页。

2. 查找

使用查找功能，用户可以定位到目标位置，以便快速地找到想要的信息。对于检查文档非常有帮助。查找分为"查找"和"高级查找"两种方式。

1）查找

选择"查找"命令，可以快速地查找到文本或其他内容。

（1）打开"素材\查找和替换.docx"文档，然后单击"开始"选项卡中的"编辑"选项组中"查找"右侧的下三角形按钮，在其下拉菜单中选择"查找"命令，如图 4-42 所示。

（2）在文档的左侧弹出"导航"窗格，如图 4-43 所示。

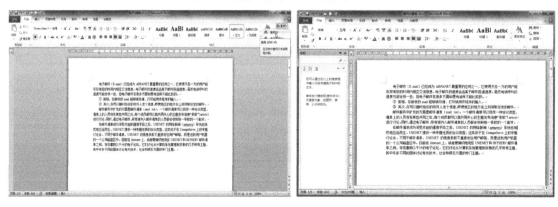

图 4-42　"查找"命令　　　　　　　　图 4-43　"导航"窗格

（3）在"导航"窗格下方的文本框中输入要查找的内容，这里输入"邮件"，此时在文本框的下方提示"2个匹配项",且在文档中查找到的内容都会被涂成黄色,如图4-44所示。

(4)单击窗格中的"下一处"按钮,定位第1个匹配项,这样再次单击"下一处"按钮就可以快速查找到下一条符合的匹配项,如图4-45所示。

> **注意**
> 查找是以鼠标指针所放的位置为起始端的。

图4-44 查找结果　　　　　　　　　　图4-45 快速查找匹配项

2)高级查找

选择"高级查找"命令,可以打开"查找和替换"对话框,从中也可以实现快速查找。

(1)单击"开始"选项卡中的"编辑"按钮,在弹出的列表中单击"查找"右侧的下三角形按钮,在其下拉菜单中选择"高级查找"命令,弹出"查找和替换"对话框。

(2)在"查找"选项卡中的"查找内容"文本框中输入需要查找的内容,如图4-46所示。

(3)单击"查找下一处"按钮,如图4-47所示,此时Word 2010开始查找。如果查找不到,则会弹出提示对话框,单击"确定"按钮返回,如图4-48所示。如果查找到文本,Word 2010就会定位到文本位置,并将查找到的文本背景用淡蓝色显示。

 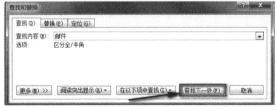

图4-46 "查找和替换"对话框　　　　　图4-47 输入查找内容

图4-48 查找结果

> **技巧**
> 按Esc键或单击"取消"按钮,则可取消正在进行的查找,并关闭"查找和替换"对话框

3. 替换

使用替换功能，用户可以方便、快捷地将查找到的文本更改或批量修改为其他内容，具体的操作步骤如下。

（1）打开"素材\Word 2010 文本编辑、图文混排及表格\没有上锁的门.docx"文档，然后单击"开始"选项卡中的"编辑"按钮，在弹出的列表中单击"替换"按钮，弹出"查找和替换"对话框，如图 4-49 所示。

（2）在"替换"选项卡中的"查找内容"文本框中输入需要被替换的内容（这里输入"母亲"），在"替换为"文本框中输入替换后的新内容（这里输入"妈妈"），如图 4-50 所示。

（3）单击"查找下一处"按钮，即可定位到当前光标位置起第 1 个满足查找条件的文本位置，并以淡蓝色背景显示，然后单击"替换"按钮，就可以将查找到的内容替换为新的内容，如图 4-51 所示。

 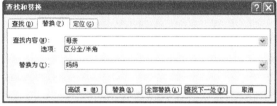

图 4-49　"查找和替换"对话框　　　　图 4-50　输入替换内容

（4）如果用户需要将文档中所有相同的内容替换掉，可以在输入完查找内容和替换为内容后单击"全部替换"按钮，Word 2010 会自动将整个文档内所有查找到的内容替换为新的内容，并弹出提示对话框显示完成替换的数量，如图 4-52 所示。单击"确定"按钮，即可完成文本的替换。

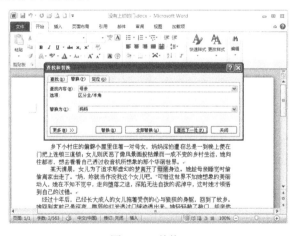 

图 4-51　替换　　　　图 4-52　替换完成提示对话框

4.1.6　项目符号与编号

在进行文档编辑或排版时，经常使用到项目符号和编号，以使文档的内容更加条理化。Word 2010 中提供了丰富的项目符号和编号样式，如图 4-53 所示。

1．为文档添加编号

编号和项目符号应用的对象都是段落，编号只添加在段落的第 1 行的左侧。Word 2010 系统提供的编号库如图 4-53 所示。

1）使用编号库

使用编号库添加编号的具体操作步骤如下。

（1）打开"会议通知.docx"文件，选择需要添加编号的段落，如图 4-54 所示。

（2）在"开始"选项卡的"段落"选项组中单击"编号"按钮 ，就可以直接在当前段落之前的位置添加默认的编号，如图 4-55 所示。

（3）单击右侧深色的下三角形按钮 ，弹出"编号"下拉列表，用户可以单击编号方式，应用在插入点所在的段落上，如图 4-56 所示。

图 4-53　编号库

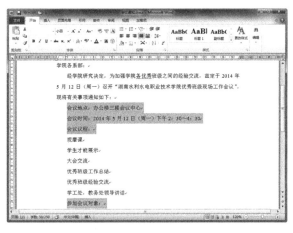

图 4-54　选择要添加编号的段落

图 4-55　"编号"按钮

图 4-56　"编号"下拉列表

🔊提示

用户还可以直接右击需要添加编号的段落，在弹出的快捷菜单中选择"编号"命令，然后在子菜单中选择想要插入的项目符号类型。

2）添加自定义编号

当"编号"下拉菜单中没有满意的编号时，还可以添加自定义编号。具体的操作步骤如下。

（1）打开文档后，选择需要添加编号的段落，如图4-57所示。

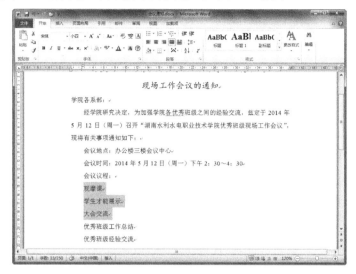

图4-57　选择需要添加编号的段落

（2）在"开始"选项卡中的"段落"选项组中单击"编号"按钮右侧的下三角按钮，弹出"编号"下拉列表框。选择"定义新编号格式"选项，弹出"定义新编号格式"对话框，如图4-58所示。

（3）在"编号样式"下拉列表中选择编号的样式，在"编号格式"文本框中输入编号的格式，在"对齐方式"下拉列表中选择编号的对齐方式，如图4-59所示。

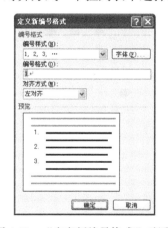
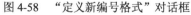

图4-58　"定义新编号格式"对话框　　　　图4-59　编号样式列表

（4）单击"字体"按钮，弹出"字体"对话框，从中设置项目符号的字体样式、字形、字号和字体颜色等选项，然后单击"确定"按钮返回，如图4-60所示。

（5）在"定义新编号格式"对话框中单击"确定"按钮，即可插入用户自定义的编号，如图4-61所示。

图 4-60　"字体"对话框

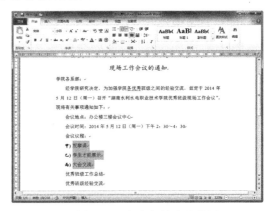
图 4-61　自定义的编号效果

2．为文档添加项目符号

项目符号的应用对象是段落，也就是说项目符号只添加在段落的第 1 行的最左侧。Word 2010 提供了项目符号库和自定义项目符号两种方法添加项目符号。

1）使用项目符号库

使用项目符号库添加项目符号的具体操作步骤如下。

（1）打开"会议通知.docx"文件，选择需要添加项目符号的段落，之后在"开始"选项卡的"段落"选项组中单击"项目符号"按钮，就可以直接在当前段落之前的位置添加默认的项目符号，如图 4-62 所示。

（2）单击"项目符号"右侧的下三角按钮，弹出"项目符号"下拉列表框，如图 4-63 所示。

图 4-62　"项目符号"按钮

图 4-63　"项目符号"下拉列表框

（3）在列表框中单击想要添加的项目符号类型，就可以对选定段落应用新的项目符号，如图 4-64 所示。

> 提示
> 用户还可以在需要添加项目符号的段落中右击，在弹出的快捷菜单中选择"项目符号"命令，然后在"项目符号"子菜单中选择想要插入的项目符号类型即可。

2）添加自定义项目符号

当"项目符号"下拉菜单中没有满意的项目符号时，还可以自定义项目符号。具体的操作步骤如下。

（1）打开"会议通知.docx"文件，选择需要添加项目符号的段落，然后在"开始"选项卡中的"段落"选项组中单击"项目符号"按钮右侧的下三角形按钮，弹出"项目符号"下拉列表框，如图4-65所示。

图4-64 应用其他项目符号　　　　　　　图4-65 "项目符号"下拉列表框

（2）选择"定义新项目符号"选项，弹出"定义新项目符号"对话框，如图4-66所示。

（3）单击"符号"按钮，弹出"符号"对话框，在"符号"列表框中选择需要添加的项目符号类型，如图4-67所示。

（4）单击"确定"按钮，返回"定义新项目符号"对话框，然后单击"确定"按钮，将自定义的项目符号添加到文档中，如图4-68所示。

图4-66 "定义新项目符号"对话框

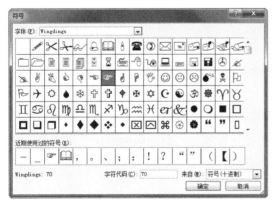
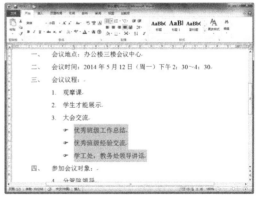

图4-67 "符号"对话框　　　　　　　图4-68 自定义的项目符号效果

（5）在"定义新项目符号"对话框中单击"图片"按钮，弹出"图片项目符号"对话框，在"图片项目符号"列表框中单击需要添加的图片项目符号类型，单击"确定"按钮，将项目符号设置为图片格式，如图4-69所示。

（6）在"定义新项目符号"对话框中单击"字体"按钮，弹出"字体"对话框，从中设置项目符号的字体样式、字形、字号和字体颜色等选项，然后单击"确定"按钮，设置完成后在文档中即可查看设置效果，如图4-70和图4-71所示。

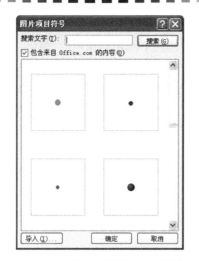
图 4-69 "图片项目符号"对话框

图 4-70 "字体"对话框

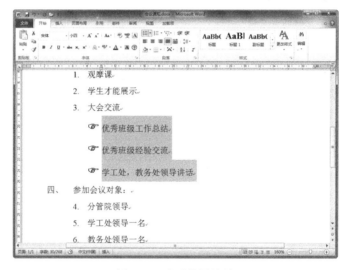
图 4-71 查看设置效果

4.1.7 美化版面

在基本排版完成之后,可以进行一些版面的美化设置。一般的版面美化设置有页面颜色设置及页面边框设置。

1．页面颜色设置

打开"会议通知.docx"文件,然后在"开始"选项卡中的"页面布局"选项组中单击"页面颜色"右侧的下三角形按钮,弹出"主题颜色"下拉列表框,选择所需要的页面颜色即可。如图 4-72 所示。

2．页面边框设置

在"开始"选项卡中的"页面布局"选项组中单击"页面边框"右侧的下三角形按钮,打开"边框和底纹"对话框,选中"艺术型"下方的下拉按钮,选择所需要的页面边框样式即可，如图4-73所示。

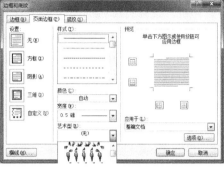

图4-72　页面颜色设置　　　　　　　　　图4-73　页面边框设置

4.1.8　页面设置与打印

文档创建后常常需要打印出来，以便进行存档或传阅。但是在打印之前，由于实际工作的不同，对文档的纸张大小、边距设置等都有着不一样的要求，这就使得用户要根据各种不同工作的需要来进行相应的页面设置，下面来看看具体的操作方法。

1. 页面设置

首先选择"文件"选项卡，在弹出的下拉列表中选择"打印"选项，显示出打印及页面设置界面，如图4-74所示。

图4-74　打印及页面设置界面

在打印及页面设置界面中包含"纸张大小"、"纸张方向"、"页边距"等通常的页面设置选项，用户可根据实际工作需要来进行相应的设置。

2．打印

下面介绍文档打印的相关知识。

1）选择打印机

在进行文件打印时，如果用户的计算机中连接了多个打印机，则需要在打印文档之前选择打印机。选择打印机的操作步骤如下。

（1）选择"文件"选项卡，在弹出的下拉列表中选择"打印"选项，显示出打印设置界面，如图 4-75 所示。

（2）在"打印机"区域的下方单击"打印机"按钮，在弹出的下拉列表中选择相关的打印机即可，如图 4-76 所示。

图 4-75　"打印"选项　　　　　　　图 4-76　选择打印机

2）打印预览

在进行文档打印之前，可以使用"打印预览"功能查看打印文档的效果，以免出现错误，浪费纸张。进行打印预览设置的具体操作步骤如下。

（1）单击"快速访问工具栏"右侧的下三角形按钮，在弹出的"自定义快速访问工具栏"下拉菜单中选择"打印预览和打印"命令，即可将"打印预览和打印"按钮添加至"快速访问工具栏"，如图 4-77 所示。

图 4-77　快速访问工具栏

（2）在"快速访问工具栏"中直接单击"打印预览"按钮，即可显示打印设置界面。根据需要单击"缩小"按钮 或"放大"按钮 ，即可对文档预览窗口进行调整查看，如图 4-78 所示。

（3）当用户需要关闭打印预览时，只需单击其他选项卡，即可返回文档编辑模式。

3）快速打印文档

当用户在打印预览中对所打印文档的效果感到满意时，就可以对文档进行打印。其方法很简单，只要单击"快速访问工具栏"中的"快

图 4-78　"打印预览"按钮

速打印"按钮即可,如图4-79所示。

图 4-79 "快速打印"按钮

4.1.9 应用拓展

(1) Word 2010 基本操作案例。

操作要求:

① 在桌面上新建一个 Word 2010 文档,并输入如图 4-80 所示的文字,然后保存文件名为"走进军事科学"。

> **走近军事科学**
>
> 军事科学是研究战争的本质和规律,并用于指导战争的准备与实施的科学。
>
> 战争是人类社会发展到一定历史阶段出现的特殊社会现象。原始社会部落或部落联盟之间的暴力冲突,可以看作是战争的初始时期。几千年来,战争绵延不断,愈演愈烈。战争是客观存在的,有其发生、发展和消亡的规律。人们为了指导战争顺利进行,不断总结战争实践经验,探索战争的客观规律,寻求克敌制胜的手段和方法。军事科学就是在这个基础上形成的。
>
> 军事科学是具有特定范畴的独立科学。它以战争为研究对象,而战争是有自己特殊的内涵和规律性的。同时,战争是极其复杂的社会现象,是敌对双方力量的总较量,战争的准备与实施涉及各个方面,所以军事科学又是一门综合性很强的科学。

图 4-80 Word 2010 基本操作案例

② 在此文档末尾插入以下符号(注:可利用软键盘输入或使用 Word 2010 的插入符号功能):

③ 通过"查找与替换"功能将文章中所有"战争"一词的字体设置为红色加粗。

④ 将该文件打开时的密码为"123",修改文件时的密码为"abc"。

⑤ 给第二段中的"客观规律"添加一个脚注"事物内部所固有的、本质的、稳定的联系,它的存在和作用不以人的主观意志为转移"。

(2)《满江红》格式设置,样文如图 4-81 所示。

操作要求:

① 将第一段设置为黑体、小二、加粗,加字符边框,文字底纹设为绿色。

② 将第二段设置为楷体、四号,字符放大 150%,加波浪下划线。

③ 将第三段设置为隶书、三号。

④ 将第一段设置为宋体、小四。

⑤ 将四段都设置为左右缩进 2.5 厘米，第一段左对齐；第二段居中对齐，段间距设为段前段后各 1 行；第三段行距设为 1.5 倍行距，段间距设为段后 1 行，首字下沉 2 行；第四段设为右对齐。

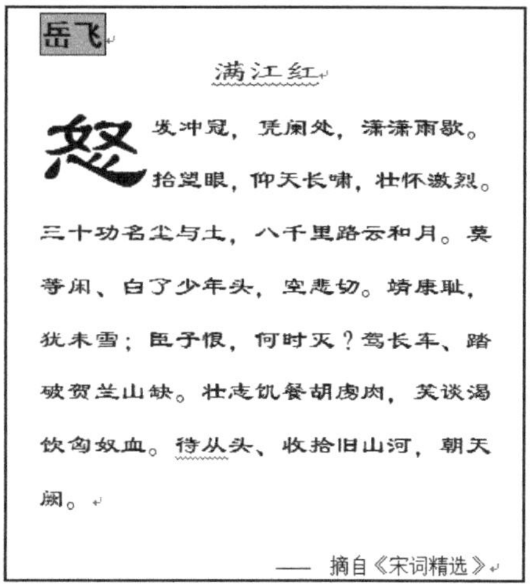
岳飞

满江红

怒发冲冠，凭阑处，潇潇雨歇。抬望眼，仰天长啸，壮怀激烈。三十功名尘与土，八千里路云和月。莫等闲、白了少年头，空悲切。靖康耻，犹未雪；臣子恨，何时灭？驾长车、踏破贺兰山缺。壮志饥餐胡虏肉，笑谈渴饮匈奴血。待从头、收拾旧山河，朝天阙。

—— 摘自《宋词精选》

图 4-81 《满江红》

任务小结

本任务完成之后，我们掌握了 Word 2010 文档的创建、保存，基本格式设置，项目符号与编号、基本页面设置和文档的打印，可以说具备了处理简单 Word 2010 文档的操作水平。

任务 4.2 个人简历制作

4.2.1 样文展示及分析

1. 样文展示

本案例是一份普通的个人简历，将其展示如图 4-82～图 4-84 所示。

湖南大学

2008届毕业生求职自荐书

自荐人：王大明

专　业：计算机应用

联系地址：湖南大学计算机学院

联系电话：0731－87777777

E－mail：wdm2008@163.com

图 4-82 个人简历封面

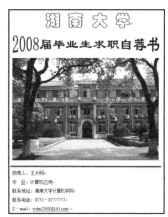

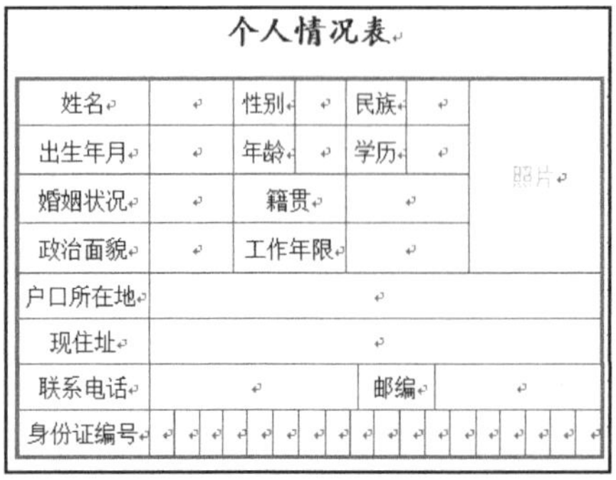
个人情况表

姓名		性别		民族		照片
出生年月		年龄		学历		
婚姻状况		籍贯				
政治面貌		工作年限				
户口所在地						
现住址						
联系电话			邮编			
身份证编号						

图 4-83 个人情况表

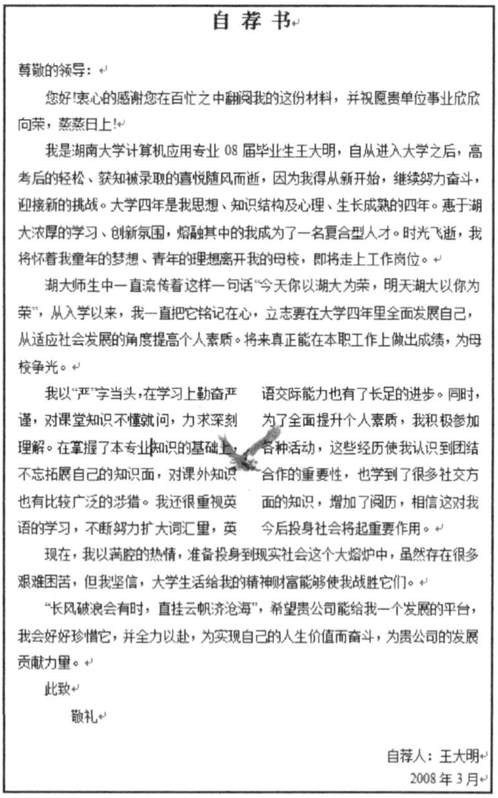
自 荐 书

尊敬的领导：

您好!衷心的感谢您在百忙之中翻阅我的这份材料，并祝愿贵单位事业欣欣向荣，蒸蒸日上!

我是湖南大学计算机应用专业 08 届毕业生王大明，自从进入大学之后，高考后的轻松、获知被录取的喜悦随风而逝，因为我得从新开始，继续努力奋斗，迎接新的挑战。大学四年是我思想、知识结构及心理、生长成熟的四年。惠于湖大浓厚的学习、创新氛围，熔融其中的我成为了一名复合型人才。时光飞逝，我将怀着我童年的梦想、青年的理想离开我的母校，即将走上工作岗位。

湖大师生中一直流传着这样一句话“今天你以湖大为荣，明天湖大以你为荣”，从入学以来，我一直把它铭记在心，立志要在大学四年里全面发展自己，从适应社会发展的角度提高个人素质。将来真正能在本职工作上做出成绩，为母校争光。

我以“严”字当头，在学习上勤奋严谨，对课堂知识不懂就问，力求深刻理解。在掌握了本专业知识的基础上，不忘拓展自己的知识面，对课外知识也有比较广泛的涉猎。我还很重视英语的学习，不断努力扩大词汇量，英语交际能力也有了长足的进步。同时，为了全面提升个人素质，我积极参加各种活动，这些经历使我认识到团结合作的重要性，也学到了很多社交方面的知识，增加了阅历，相信这对我今后投身社会将起重要作用。

现在，我以满腔的热情，准备投身到现实社会这个大熔炉中，虽然存在很多艰难困苦，但我坚信，大学生活给我的精神财富能够使我战胜它们。

“长风破浪会有时，直挂云帆济沧海”，希望贵公司能给我一个发展的平台，我会好好珍惜它，并全力以赴，为实现自己的人生价值而奋斗，为贵公司的发展贡献力量。

此致

敬礼

自荐人：王大明

2008 年 3 月

图 4-84 自荐书

2. 任务分析

完成此案例需要掌握各种图形对象（艺术字、图片、文本框等）的插入和设置，表格的制作、分栏等操作技巧。下面就让我们开始逐个学习吧。

4.2.2 插入艺术字

在文档中插入艺术字，能为文字添加艺术效果，使文字看起来更加生动，让制作的文档更加美观，更容易吸引眼球，如图 4-85 所示。

设置文字的艺术效果，是通过更改文字的填充，更改文字的边框，或者添加诸如阴影、映像、发光、三维（3D）旋转或棱台之类的效果，更改文字的外观。

使用艺术字的方法如下。

1. 在"开始"选项卡中设置文字的艺术效果

图 4-85　艺术字

在"开始"选项卡中设置艺术字的操作步骤如下。

（1）打开"素材\使用艺术字.docx"文档，选择需要添加艺术效果的文字，如图 4-86 所示。

（2）在"字体"选项组中单击"字体颜色"按钮 ![A]，从弹出的下拉列表中选择更换字体的颜色。这里选择橙色，单击选择的橙色颜色框，被选文字颜色就会发生变化，如图 4-87 所示。

图 4-86　选择文字　　　　　　　　图 4-87　"字体颜色"下拉列表

（3）再次选择需要添加艺术效果的文字，单击"开始"选项卡中的"字体"选项组中的"文本效果"按钮 ![A]，在弹出的下拉列表中选择第 1 种艺术效果，如图 4-88 所示。

（4）单击所选择的艺术效果，被选文本就会发生变化，如图 4-89 所示。

（5）在"字体"选项组中的"文本效果"按钮 ![A] 的下拉列表中选择"轮廓"、"阴影"、"映像"或"发光"等选项，可以更详细地设置文字的艺术效果，如图 4-90 和图 4-91 所示。

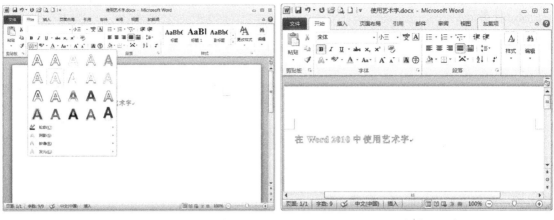

图 4-88 "文本效果"下拉列表　　　　　图 4-89 查看设置效果

图 4-90 设置其他艺术效果　　　　　图 4-91 查看设置效果

2．在"插入"选项卡中设置文字的艺术效果

在"插入"选项卡中设置艺术字的方法如下。

（1）打开"素材\个人简历.docx"文档，选择需要添加艺术效果的文字，如图 4-92 所示。

（2）单击"插入"选项卡中的"文本"选项组中的"艺术字"按钮 艺术字，在弹出的下拉列表中选择第 2 种艺术字样式，如图 4-93 所示。

图 4-92 选择文本文字　　　　　图 4-93 选择艺术字样式

（3）选择第 2 种艺术字样式后的文字效果如图 4-94 所示。

（4）选择一种艺术字样式后，用户可以根据"格式"选项卡中的选项，设置被选文字的颜色、大小以及调整艺术字的位置等，如图 4-95 所示。

图 4-94　查看艺术字效果

图 4-95　调整艺术字位置

3．设置 Word 2003 版样式艺术字

要在 Word 2010 版中设置 Word 2003 版样式艺术字，可以通过以下两种方式调用艺术字工具。

（1）通过插入水印的方式插入艺术字，然后到进入页眉或页脚编辑状态，剪切插入的水印，然后回到正文粘贴。这样再编辑艺术字就可以像 Word 2003、Word 2007 一样用艺术字工具调整艺术字样式。本案例需按此方法操作，操作效果如图 4-96 所示。

（2）打开 Word 2010 版文件，另存为 Word 2003 文档。再打开即可以像 Word 2003 一样插入艺术字并用艺术字工具编辑艺术字，如图 4-97 所示。

图 4-96　艺术字工具

图 4-97　插入 Word 2003 版样式艺术字

4.2.3　插入图片

Word 2010 为用户提供了多种剪贴画、形状等丰富的图片元素，在文档中添加这些图片，可以使文档看起来更加生动、形象，使文档充满活力。下面就来学习为文档添加图片吧。

1．添加图片

如果需要使用图片为文档增色添彩，可以在文档中插入一张图片。Word 2010 支持更多的图片格式，如"*.emf"、"*.wmf"、"*.jpg"、"*.jpeg"、"*.jfif"、"*.jpe"、"*.png"、"*.bmp"、"*.dib"和"*.rle"等。在文档中添加图片的具体操作步骤如下。

（1）打开"个人简历.docx"，将光标定位于需要插入图片的位置，然后单击"插入"选项卡的"插图"选项组中的"图片"按钮，如图4-98所示。

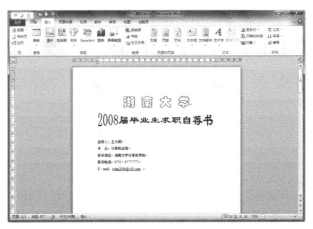

图4-98　"图片"按钮

（2）在弹出的"插入图片"对话框中选择需要插入的图片，单击"插入"按钮，即可插入该图片。或者直接在文件窗口中用鼠标左键双击需要插入的图片，如图4-99所示。

（3）此时将在文档中鼠标光标所在的位置插入所选择的图片，如图4-100所示。

图4-99　"插入图片"对话框　　　　　　图4-100　插入图片

2．添加剪贴画

插入Word 2010收藏集中的剪贴画的具体操作步骤如下。

（1）新建一个Word 2010文档，将鼠标光标定位于需要插入图片的位置，然后单击"插入"选项卡中的"插图"选项组中的"剪贴画"按钮，此时在文档的右侧将弹出"剪贴画"窗格，如图4-101所示。

（2）在"搜索文字"文本框中输入需要搜索的图片的名称，或者输入和图片有关的描述词汇，如输入"符号"，在"结果类型"下拉列表框中选择"所有媒体文件类型"选项，如图4-102所示。

图 4-101　"剪贴画"窗格　　　　图 4-102　"剪贴画"窗格

（3）单击"搜索"按钮，进行剪贴画的搜索，在结果区域会显示搜索到的剪贴画，如图 4-103 所示。

（4）用户只需单击所选择的剪贴画，即可将其插入文档中。单击"剪贴画"窗格右上角的"关闭"按钮，关闭"剪贴画"窗格，效果如图 4-104 所示。

图 4-103　搜索结果　　　　　　图 4-104　插入剪贴画

3．绘制基本图形

在 Word 2010 中，可以利用"形状"按钮，绘制多种基本图形，如直线、箭头、方框和椭圆等。具体的操作步骤如下。

（1）移动鼠标指针到要绘制图形的位置，然后单击"插入"选项卡中的"插图"选项组中的"形状"按钮，在弹出的下拉列表中选择"基本形状"中的"直线"，如图 4-105 所示。

（2）移动鼠标到绘图位置，鼠标指针会变成"十"字形状。按住鼠标左键不放，拖动鼠标到一定的位置后放开，在文档上就会显示出绘制的"直线"，如图 4-106 所示。

当然，也可以绘制出其他图形，如笑脸、箭头、矩形和椭圆等，如图 4-107 所示。

在绘制的过程中，尤其注意矩形和椭圆形的特例。要绘制正方形或圆形，要先单击"矩形"或"椭圆"按钮。但是在绘图画布上进行绘制时,要先按住 Shift 键,然后拖动鼠标绘制即可。

图 4-105 "基本形状"下拉列表

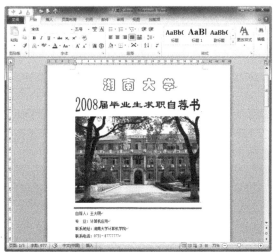

图 4-106 绘制"直线"形状

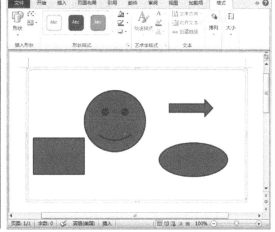

图 4-107 绘制其他图形的形状

4.2.4 文本框

文本框是一个对象,用户可以在 Microsoft Office 2010 文档中的任意位置放置和插入文本框。

1. 插入文本框

文本框分为横排和竖排两类。可以根据需要插入相应的文本框,插入的方法一般包括直接插入空文本框和在已有的文本上插入文本框两种。

1) 插入空文本框

在文档中插入空文本框的操作步骤如下。

(1) 新建一个文档,单击文档中任意位置,然后单击"插入"选项卡中的"文本"选项组中的"文本框"按钮,在弹出的下拉列表中选择"绘制文本框"选项,如图 4-108 所示。

（2）返回 Word 2010 文档操作界面，光标变成"十"字形状，在画布中单击，然后通过拖动来绘制具有所需大小的文本框，如图 4-109 所示。

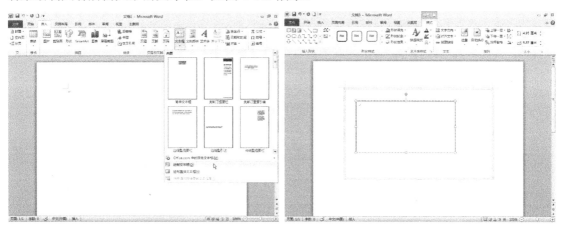

图 4-108　"绘制文本框"选项　　　　　图 4-109　绘制文本框

（3）单击"插入"选项卡中的"文本"选项组中的"文本框"按钮，在弹出的下拉列表中选择"绘制竖排文本框"选项，可以绘制竖排文本框，如图 4-110 所示。

2）在已有的文本上插入文本框

除了插入空白文本框外，还可以为选择的文本创建一个文本框，具体的操作步骤如下。

（1）打开"个人简历.docx"，然后选择相应的文字，如图 4-111 所示。

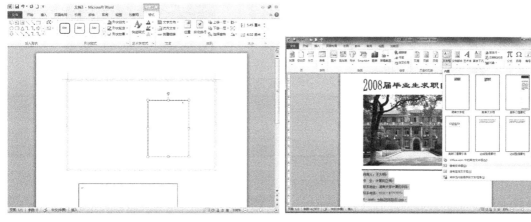

图 4-110　绘制竖排文本框　　　　　图 4-111　选择文本

（2）单击"插入"选项卡中的"文本"选项组中的"文本框"按钮，在弹出的下拉列表中选择"绘制文本框"选项，此时在选择的文本上就会添加一个文本框，如图 4-112 所示。

2．使用文本框

创建好文本框后，接下来可以对文本框进行调整。

1）调整文本框的大小

文本框上有 8 个控制点，可以使用鼠标来调整文本框的大小。具体的操作步骤如下。

（1）在文本框上单击，然后移动鼠标指针到文本框的控制点上，此时鼠标指针会变为"⇔"形状，如图 4-113 所示。

（2）按下鼠标左键拖动文本框边框到合适的位置后松开，即可调整文本框的大小，如图4-114所示。

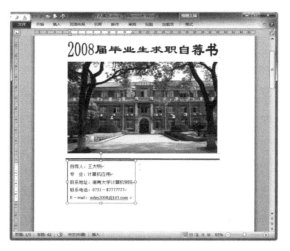

图4-112　在已有的文本上插入文本框

图4-113　鼠标指针变为"⇔"形状　　　　图4-114　调整文本框大小

除了使用鼠标粗略地调整文本框的大小外，还可以通过"格式"选项卡中的"大小"选项组中的调节框来精确地调整文本框的大小。

> 提示
> 在移动的过程中如果按Esc键，则可取消移动操作。

2）调整文本框的位置

使用鼠标调整文本框位置的方法和调整图片位置的方法类似，具体的操作步骤如下。

（1）在文本框上单击，然后移动鼠标指针到文本框的边框位置，此时指针会变成形状，如图4-115所示。

（2）按住鼠标左键不放向下拖动文本框，此时鼠标会变成形状，到适当的位置后松开鼠标左键即可，效果如图4-116所示。

文字排版处理（Word 2010）　项目 4

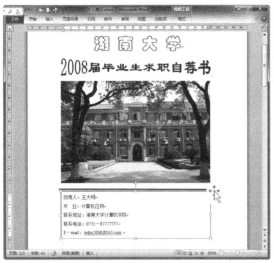

图 4-115　选择文本框

图 4-116　调整文本框位置效果

> **提示**
> 在拖动文本框时，还可以按住 Shift 键进行文本框的水平或者垂直移动。

3）调整文本框形状样式

这里仅以设置形状轮廓为例，具体的操作步骤如下。

（1）选定文本框后，单击"格式"选项卡中的"形状轮廓"按钮，如图 4-117 所示。

（2）分别设置主题颜色为"蓝色，强调文字颜色 1"；粗细为"3 磅"；虚线型为"点画线"，设置后效果如图 4-118 所示。

图 4-117　形状轮廓设置

图 4-118　形状轮廓设置后效果

4.2.5　表格制作

表格由多个行或列的单元格组成，用户可以在单元格中添加文字或图片，如图 4-119 所示。

1. 插入与绘制表格

Word 2010 提供了多种绘制表格的方法。

1）创建快速表格

可以利用 Word 2010 提供的内置表格模型来快速创建表格，但提供的表格类型有限，只适用于建立特定格式的表格。

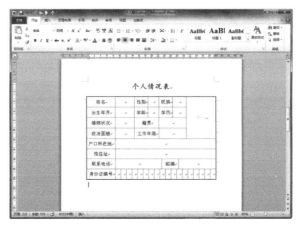

图 4-119　表格

（1）新建一个空白文档，将鼠标光标定位至需要插入表格的地方，之后选择"插入"选项卡，在"表格"选项组中单击"表格"按钮，在弹出的下拉菜单中选择"快速表格"命令，然后在弹出的子菜单中选择理想的表格类型即可，如图 4-120 所示。

（2）将模板中的数据替换为自己的数据，如图 4-121 所示。

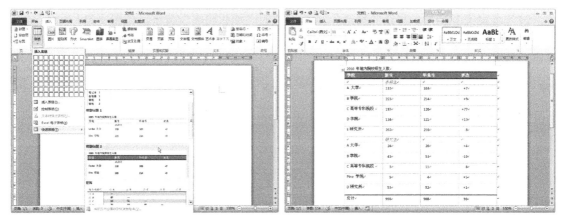

图 4-120　选择表格类型　　　　　　　图 4-121　应用快速表格

2）使用表格菜单创建表格

使用表格菜单适合创建规则的、行数和列数较少的表格，最多可以创建 8 行 10 列的表格，如图 4-122 所示。

使用表格菜单创建表格的具体操作步骤如下。

（1）将鼠标光标定位至需要插入表格的地方。选择"插入"选项卡，在"表格"选项组中单击"表格"按钮，在插入表格区域内选择要插入表格的列数和行数，这里选择 7 列 8 行（参照样表基本框架），即可在指定的位置插入表格，如图 4-123 所示。

> **提示**
> 选择的单元格将以橙色显示，并在名称区域显示"列数"×"行数"表格。

（2）单击鼠标左键，即可在文档中插入一个表格，如图 4-124 所示。

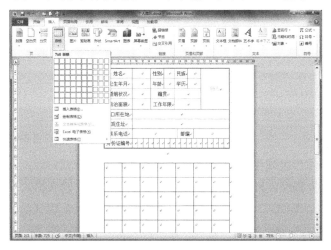

图 4-122　使用表格菜单

图 4-123　指定表格的行数和列数　　　　图 4-124　插入表格

3）使用"插入表格"对话框创建表格

使用表格菜单创建表格固然方便，可是由于表格菜单所提供的单元格数量有限，因此只能创建有限的行数和列数。而使用"插入表格"对话框，则可不受表格菜单的限制，并且可以对表格的宽度进行调整。

使用"插入表格"对话框创建表格的具体操作步骤如下。

（1）将鼠标光标定位至需要插入表格的地方。选择"插入"选项卡，在"表格"选项组中单击"表格"按钮，在其下拉菜单中选择"插入表格"命令，弹出"插入表格"对话框，如图 4-125 所示。

（2）分别在"列数"和"行数"微调框中输入列数和行数，选择"'自动调整'操作"的类型。如果还要再次建立类似的表格，则可选中"为新表格记忆此尺寸"复选框，如图 4-126 所示。

图 4-125 "插入表格"对话框

图 4-126 设置表格参数

"'自动调整'操作"区域中各个选项的含义如表 4-3 所示。

(3) 单击"确定"按钮,即可在文档中插入一个 7 列 8 行的表格。

表 4-3 "自动调整"操作说明

"自动调整"操作	描 述
固定列宽	设定列宽的具体数值,单位是厘米。当选择为自动时,表示表格将自动在窗口填满整行,并平均分配各列为固定值
根据内容调整表格	根据单元格的内容自动调整表格的列宽和行高
根据窗口调整表格	根据窗口大小自动调整表格的列宽和行高

4) 绘制表格

用户需要创建不规则的表格时,以上的方法可能就不适用了。此时可以使用表格绘制工具来创建表格,例如在表格中添加斜线等,如图 4-127 所示。

图 4-127 添加斜线

(1) 选择"插入"选项卡,在"表格"选项组中选择"表格"下拉菜单中的"绘制表格"命令,鼠标指针变为铅笔形状 ,如图 4-128 和图 4-129 所示。

图 4-128 "绘制表格"命令

图 4-129 鼠标指针形状

(2) 在需要绘制表格的地方单击并拖动鼠标绘制出表格的外边界,形状为矩形,如图 4-130 所示。

(3) 在该矩形中绘制行线、列线或斜线,直至满意为止。绘制完成后,按 Esc 键退出表格绘制模式，如图 4-131 所示。

图 4-130　绘制表格　　　　　　　　图 4-131　表格绘制完成

2．添加、删除行或列

创建完表格后，如果发现行或列数不能满足编辑需求，可以插入或者删除行或列。

1）插入行或列

在表格中插入行或列有以下两种方法。

方法一：指定插入行或列的位置，然后单击"布局"选项卡中的"行和列"选项组中的相应插入方式按钮即可，如图 4-132 所示。

> **提示**
> 插入行或列的位置可以是一个单元格，也可以是一行或一列。

各种插入方式的含义如表 4-4 所示。

表 4-4　插入方式

插入方式	功能描述
在上方插入	在选择单元格所在行的上方插入一行表格
在下方插入	在选择单元格所在行的下方插入一行表格
在左侧插入	在选择单元格所在列的左侧插入一列表格
在右侧插入	在选择单元格所在列的右侧插入一列表格

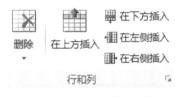

图 4-132　"行和列"选项组

方法二：指定插入行或列的位置，直接右击，在弹出的快捷菜单中选择"插入"子菜单中的插入方式即可。如选择第 2 行后，右击，在弹出的快捷菜单中选择"插入"菜单中的"在下方插入行"命令，如图 4-133 所示。

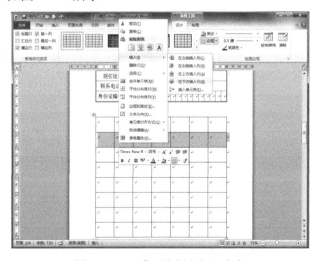

图 4-133　"在下方插入行"命令

在插入行或列之前,需要先选择插入位置,当用户选择一行或一列的时候,就会在表格中间插入一行或一列;当用户选择多行或多列的时候,就会在表格中间插入和选择数量一样的行或列。也就是说在指定插入位置时所选的行数或列数,将决定插入的行数或列数。所以,用户在选择插入位置时,需要选择和插入数量一致的行或列。

2)删除行或列

删除行或列有以下 3 种方法。

方法一:选择需要删除的行或列,按 Backspace 键,即可删除选择的行或列。

> **提示**
>
> 在使用该方法时,应选择整行或整列,然后按 Backspace 键方可删除,否则会弹出"删除单元格"对话框,提示删除哪些单元格,如图 4-134 所示。

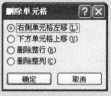

图 4-134 "删除单元格"对话框

方法二:选择需要删除的行或列,单击"布局"选项卡中的"行和列"选项组中的"删除"按钮,在弹出的下拉菜单中选择"删除行"或"删除列"命令即可,如图 4-135 所示。

方法三:选择需要删除的行或列,单击鼠标右键,在弹出的快捷菜单中选择"删除单元格"命令,弹出"删除单元格"对话框,提示删除哪些单元格,如图 4-136 和图 4-137 所示。

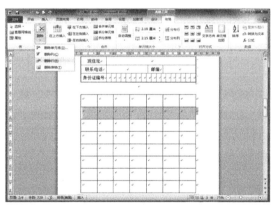

图 4-135 "删除"下拉菜单

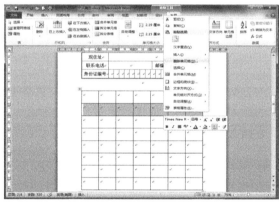

图 4-136 "删除单元格"命令

3. 为表格全面布局

对于创建的表格,用户可以设置表格中单元格的大小和对齐方式等,还可以在现有的表格中插入或删除单元格,拆分或合并单元格。

1)设置表格的行高、列宽和对齐方式

图 4-137 "删除单元格"对话框

在 Word 2010 的一个表格中可以有不同的行高和列宽。但同一行中的单元格必须有相同的高度。

文字排版处理（Word 2010） 项目 4

> **提示**
> 默认情况下，插入的表格会以文档的页面宽度除以列数来作为每列的宽度，而根据字体的大小自动地设置行的高度。当一个单元格内的文本超过一行之后，表格会自动增加单元格的高度。另外，当表格不能满足需求时，还可以手动调整行高和列宽。

（1）设置行高。设置行高的方法有拖动行线、拖动标尺、使用"表格属性"对话框、平均分布各行和直接输入行高等5种方法。

方法一：拖动行线。将鼠标光标移至需要调整高度的表格的行线上，当光标变为⇳形状时，单击并拖动鼠标，在新位置将显示一条虚线，当达到目标高度时，松开鼠标左键即可，如图4-138所示。

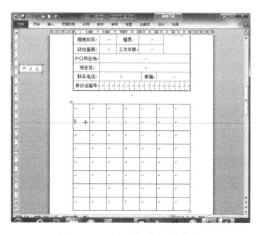

图4-138　拖动行线调整行高

> **提示**
> 使用鼠标拖动行线来改变行高的方法较为方便，但是不够精确。

方法二：拖动标尺。单击表格中的任意一个单元格，此时标尺上将出现当前表格的行号，将鼠标光标移至行号上，当变为⇳形状时，直接拖动至目标位置即可，如图4-139所示。

方法三：使用"表格属性"对话框。使用这种方法，可以精确地将表格的行高调整到固定的值，本案例就采用此方法来设置行高，具体的操作步骤如下。

① 选择需要调整的行（在此案例中，选择整张表格）并右击，在弹出的快捷菜单中选择"表格属性"命令，弹出"表格属性"对话框，选择"行"选项卡，如图4-140所示。

图4-139　拖动标尺调整行高　　　图4-140　"表格属性"对话框

> 提示
> 所选择的行可以是一行或者多行。

② 选中"指定高度"复选框,在"指定高度"微调框中输入"1.08",单位是厘米,在"行高值是"下拉列表中可选择"最小值"或"固定值"选项,这里选择"固定值",如图 4-141 所示,单击"确定"按钮即可。设置后表格效果如图 4-142 所示。

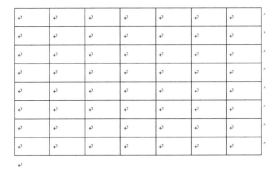

图 4-141　设置行高　　　　　　　　　图 4-142　设置新行高的效果

"表格属性"对话框中参数的含义如下。

- "最小值"是指表格的高度最少要达到指定的高度,在表格不能容下文本信息的时候会自动增加行高。
- "固定值"是指表格的高度为固定的数值,不可更改,文本超出表格高度的部分将不再显示。

方法四:平均分配各行的高度

选择需要平均分配的各行,在选择行的区域内右击,在弹出的快捷菜单中选择"平均分配各行"命令,即可将表格中的行高设置为同样的高度。

> 提示
> 使用平均分配表格中各行高度的方法时,当表格中行高最大的单元格中的文本信息未能填满行高时,将按照表格的总高度平均分配每行的行高;当表格中行高最大的单元格中的文本信息填满行高时,表格中其他行的行高也会将被调整为和最大行高一样。

(2) 设置表格的列宽。设置列宽的方法有 5 种,其中前 4 种和设置表格的行高的方法类似,这里不再赘述。另外一种方法是 Word 2010 提供的自动调整列宽的功能,具体的操作步骤如下。

① 选择表格中的任意一个单元格。

② 单击"布局"选项卡中的"单元格大小"选项组中的"自动调整"按钮,在弹出的"自动调整"下拉列表中选择自动调整的类型,如图 4-143 所示。

下拉列表中各个选项的含义如表 4-5 所示。

本案例中采用拖动列线与样表对齐的方式调整列宽,调整后的效果如图 4-144 所示。

图 4-143 "自动调整"下拉列表

表 4-5 调整类型的含义

调整类型	说　明
根据内容自动调整表格	按照表格中每一列的文本内容自动调整列宽，调整后的列宽更加紧凑、整齐
根据窗口自动调整表格	按照相同的比例扩大表格中每列的列宽，调整后表格的总宽度与文本区域的总宽度相同
固定列宽	按照用户指定的列宽值调整列宽

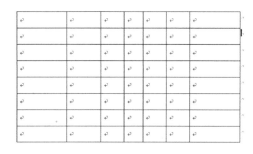

图 4-144 拖曳列线设置列宽后的效果

（3）设置文本的对齐方式。为了使表格更加美观，可以设置表格内文本的对齐方式。方法有以下两种。

① 选择需要设置对齐方式的单元格、行或列，单击"布局"选项卡中的"对齐方式"选项组中相应的对齐方式即可，如图 4-145 所示。

② 选择需要设置对齐方式的单元格、行或列并右击，在弹出的菜单中选择"单元格对齐方式"子菜单中的选项即可，如图 4-146 和图 4-147 所示。

图 4-145 "对齐方式"选项组

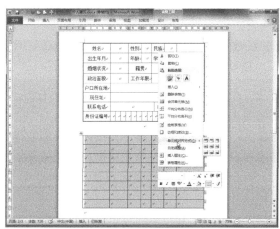

图 4-146 选择对齐方式

9种对齐方式的含义如表4-6所示。

表4-6 9种文本对齐方式的含义

图 标	对 齐 方 式
	靠上两端对齐
	靠上居中对齐
	靠上右对齐
	中部两端对齐
	中部居中
	中部右对齐
	靠下两端对齐
	靠下居中对齐
	靠下右对齐

图4-147 中部居中对齐

2）合并与拆分单元格

在 Word 2010 中可以把多个相邻的单元格合并为一个单元格，也可以把一个单元格拆分成多个小的单元格。在表格制作时，经常会使用到合并和拆分单元格的操作。

（1）合并单元格。可以通过以下3种方法实现将多个单元格合并为一个单元格。

方法一：选择要合并的单元格，单击"布局"选项卡中的"合并"选项组中的"合并单元格"按钮，即可合并选择的单元格，如图4-148和图4-149所示。

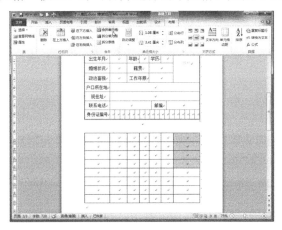

图4-148 "合并单元格"按钮   图4-149 合并后的效果

方法二：选择需要合并的单元格，然后右击，在弹出的快捷菜单中选择"合并单元格"命令，如图4-150所示。

方法三：使用橡皮擦工具，直接擦除相邻表格之间的边线，如图4-151和图4-152所示。按照样表结构进行合并单元格操作后的效果如图4-153所示。

（2）拆分单元格。根据实际需要，有时要将一个单元格拆分为多个单元格，常用方法有以下3种。

方法一：使用工具栏中的按钮拆分单元格。

① 选择要拆分的单元格，单击"布局"选项卡中的"合并"选项组中的"拆分单元格"按钮，如图4-153所示。

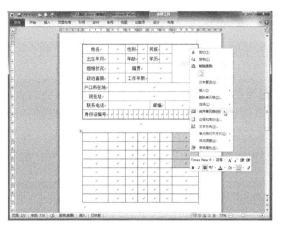

图 4-150 "合并单元格"命令　　　　　图 4-151 选择擦除的边线

图 4-152 完成合并后的效果

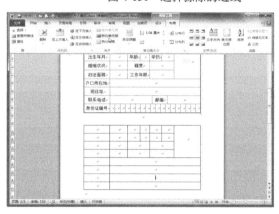

图 4-153 "拆分单元格"按钮

② 弹出"拆分单元格"对话框,输入"行数"和"列数",然后单击"确定"按钮,如图 4-154 和图 4-155 所示。

方法二:选择需要拆分的单元格并右击,在弹出的快捷菜单中选择"拆分单元格"命令,弹出"拆分单元格"对话框,输入要拆分的"列数"和"行数",然后单击"确定"按钮即可。

图 4-154 "拆分单元格"对话框

方法三:使用绘制表格工具在单元格内绘制直线。如果绘制水平直线的话,将拆分为两行;如果绘制垂直直线的话,将拆分为两列。

按照样表结构进行拆分单元格操作(并按照样表对齐列线)后的效果如图 4-156 所示

图 4-155 拆分后的效果　　　　　图 4-156 拆分单元格后效果

4．美化表格

为了增强表格的视觉效果，使内容更为突出和醒目，可以对表格设置边框和底纹。

1）设置表格的边框

默认情况下，创建表格的边框都是 0.5 磅的黑色单实线。用户可以自行设置表格的表框。

选定需要设置边框的表格并选择"表格工具设计"选项卡，首先设置表格边框的"线条样式"为"单实线"，"线条颜色"为"橙色，强调文字颜色 6，深色 25%"，"线条宽度"为"3"，边框样式为外侧框线，然后选择"线条颜色"为"蓝色"，"线条宽度"为"0.75"，边框样式为内部框线，效果如图 4-157 所示。

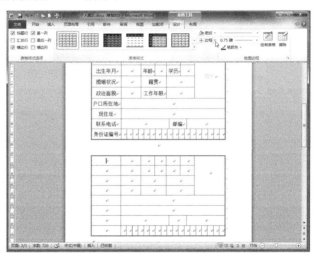

图 4-157　表格边框效果

表格边框的绘制还可通过右击选定表格，在弹出的快捷菜单中选择"边框和底纹"命令，弹出"边框和底纹"对话框，选择"边框"选项卡，对其进行相应设置来完成。

在"设置"区域中选择边框的类型，各选项的含义如表 4-7 所示。

表 4-7　边框类型

图　　标	名　　称	描　　述
	无	取消表格的所有边框
	方框	取消表格内部的边线，只设置表格的外围边框
	全部	将整个表格中的所有边框设置为指定的相同类型
	网络	只设置表格的外围边框，所有内部边框保留原样

2）设置表格的底纹

利用"边框和底纹"对话框中的"底纹"选项卡，可以设置表格的底纹。例如，设置一个表格底纹的"填充"为"无"，"样式"为"20%"，"颜色"为"橙色，强调文字颜色 6，淡色 60%"，如图 4-158 和图 4-159 所示。

3）使用预设的表格样式

Word 2010 所提供了近百种默认样式，以满足各种不同类型表格的需求。使用预设表格样式的操作步骤如下。

（1）新建一个 Word 2010 文档，插入一个 7 行 8 列的表格，将鼠标光标定位于表格的任意一个单元格内，如图 4-160 所示。

（2）选择"设计"选项卡的各个选项组，如图 4-161 所示。

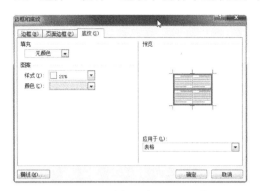

图 4-158　"边框和底纹"对话框

图 4-159　表格底纹效果

图 4-160　选择任一单元格

图 4-161　"设计"选项卡

（3）在"表格样式"选项组中选择相应的样式，或者单击"其他"按钮，在弹出的下拉菜单中选择所需要的样式，如图 4-162 所示。

4.2.6　创建用户自定义模板

模板是用于创建文档的模式。模板提供了预先配置的设置（如文本、基准线、格式设置和页面布局），相对于从空白页开始而言，使用模板可以更快地创建文档。在 Word 2010 中，可使用现有的文档创建用户自定义模板，具体操作如下。

当前文档编辑、排版完成后，选择"文件"选项卡中的"另存为"选项，设置保存文档类型为 Word 模板"*.dotx"，位置为"C:\Users\Administrator\AppData\Roaming\Microsoft\Templates"。设定相应的模板文件名后单击"确定"按钮即可。创建自定义模板后，便可使用该模板来新

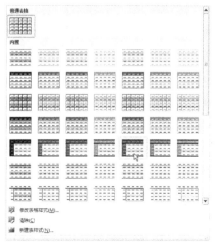

图 4-162　表格样式列表

建文档了。

4.2.7 应用拓展

1．图文混排

1)《高椅村》

打开"素材\高椅村.docx",根据下列要求对文档进行排版操作。

(1) 插入艺术字标题"江南第一村明清古建筑高椅村"。

艺术字样式：第三行第一列（此例应用 2003 版 Word 艺术字样式）。

版式：上下型，距正文下 0.5 厘米。

字体：黑体、32 号。

(2) 将"素材\gyc.jpg"插入到第一自然段和第二自然段之间，并做如下设置：

缩放：高度 60%、锁定纵横比。

环绕方式：上下型、距正文上、下 0.2 厘米。

应用阴影样式 5。

文档排版效果如图 4-163 所示。

2)《鸟类的飞行》

打开"素材\鸟类的飞行.docx",根据下列要求对文档进行排版操作。

(1) 制作艺术字"鸟类的飞行"的样式为第三行第五类并居中,将艺术字的文字环绕方式设置为"上下型",并适当调整正文与艺术字的位置。

(2) 将第二段文字设置为黑体,四号字。将第一段文字进行底纹添加为灰色-20%。

(3) 第二段中插入两个竖排的文本框,并设置文本框的环绕方式为"四周型环绕"。在

图 4-163　《高椅村》样文

文本框中分别输入文字"信天翁"、"燕子",文字字号设置为"小二",一个左边一个右边。然后去掉文本框中的线条。并设置其阴影样式为 9。

(4) 插入"素材\ying.jpg"一张图片到正文第二段中,图片环绕方式为"四周型环绕",图片的旋转度为 45 度,并距正文上下为 1 厘米,左右各为 2 厘米。

(5) 在最后一段中给"飞机"添加脚注"发明时间为：1903 年 12 月 17 日"。文档排版效果如图 4-164 所示。

2．图形对象的组合操作

(1) 根据要求制作如图 4-165 所示的图形。

① 新建空白文档,要求在文档中插入"素材"文件

图 4-164　《鸟类的飞行》样文

夹中的“上海世博.jpg”，并且设置版式为“四周型”。

② 在文档中插入“形状/星与旗帜/前凸带形”所示的旗帜图形。

③ 在旗帜图形中添加“2010中国上海”字样，要求文字格式设置为隶书、三号。

④ 对旗帜图形对象应用“绘图工具/阴影效果/阴影样式5”。

⑤ 最后将图片与旗帜组合后放入一文本框，再以一黑色填充的矩形框为底，构造出如图4-165所示效果。

（2）完成如图 4-166 所示灯笼和印章的制作。

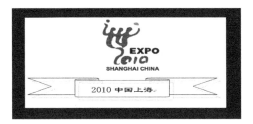

图 4-165 上海世博宣传画

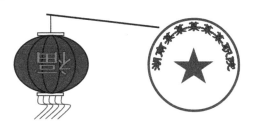

图 4-166 灯笼和印章

3. 表格的制作

（1）完成如图 4-167 所示表格的制作（要求表格使用自动套用格式中表格样式为网格型 7）。

<table>
<tr><td></td><td></td><td></td><td></td><td colspan="10"></td><td colspan="4" rowspan="4">相片</td></tr>
<tr><td></td><td></td><td></td><td></td><td colspan="10"></td></tr>
<tr><td></td><td></td><td></td><td></td><td colspan="10"></td></tr>
<tr><td></td><td></td><td></td><td></td><td colspan="10"></td></tr>
<tr><td></td><td></td><td></td><td></td><td colspan="10"></td><td colspan="4"></td></tr>
<tr><td></td><td colspan="17"></td></tr>
<tr><td></td><td></td><td></td><td></td><td></td><td></td><td></td><td></td><td></td><td></td><td></td><td></td><td></td><td></td><td></td></tr>
</table>

图 4-167 表格的制作（1）

（2）完成如图 4-168 所示表格的制作。

（3）完成如图 4-169 所示表格的制作（要求：行高为 0.85 厘米，列宽为 4.0 厘米）。

<table>
<tr><td>报销单位</td><td colspan="2"></td><td>姓名</td><td></td><td>职别</td><td></td><td>级别</td><td></td><td>出差地</td><td></td></tr>
<tr><td>出差事由</td><td colspan="2"></td><td>日期</td><td colspan="7">自 年 月 日到 年 月 日共 天</td></tr>
<tr><td rowspan="2">项目</td><td colspan="4">交通工具</td><td colspan="2" rowspan="2">住宿费</td><td colspan="2" rowspan="2">伙食补贴</td><td colspan="2" rowspan="2">其它</td></tr>
<tr><td>飞机</td><td>火车</td><td>轮船</td><td>汽车</td></tr>
<tr><td>金额</td><td></td><td></td><td></td><td></td><td colspan="2"></td><td colspan="2"></td><td colspan="2"></td></tr>
<tr><td colspan="11">总金额（大写）</td></tr>
<tr><td colspan="11">详细线路及票价</td></tr>
<tr><td>主管人</td><td colspan="2"></td><td>出差人</td><td colspan="2"></td><td>经手人</td><td colspan="4"></td></tr>
</table>

图 4-168 表格的制作（2）

姓名	学号	数学	语文	外语

图 4-169 表格的制作（3）

（4）完成如图 4-170 所示表格操作

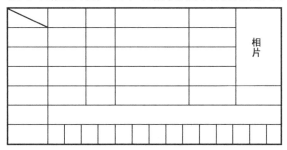

方案	市场情况	2013 年		2014 年	
		概率	利润（元）	概率	利润（元）
甲方案	良好	50%	60000	60%	100000
	一般	20%	40000	20%	80000
	较差	30%	40500	20%	70000
乙方案	良好	20%	38000	30%	60000
	一般	50%	45000	30%	50000
	较差	30%	69000	40%	40000

图 4-170　表格的制作（4）

任务小结

通过学习本任务的制作，我们掌握了图形对象的使用，包括艺术字、图片、文本框等图形对象的插入及与文字的混合排版；简单表格的创建及不规则表格的基本制作流程；以及用户自定义模板的创建。

任务 4.3　水利工程项目标书制作

在水利工程建设领域，招投标文件是工作中经常要遇到并使用的常用文档了。下面就来看看标书的制作需要哪些 Word 2010 操作技巧吧。

4.3.1　样文展示及分析

这是一份普通的水利工程招标文件，文档很长，我们节选了一些有代表性的页面给大家展示，如图 4-171 与图 4-172 所示。

图 4-171　招标文件封面与目录

文字排版处理（Word 2010） 项目 4

图 4-172　跨页表格

任务分析

纵观整个招标文档，要顺利完成此案例，除了我们之前所学的文本编辑和排版技巧之外，还需掌握目录的制作，页眉和页脚的设置，跨页表格的相关设置等操作技巧，下面就让我们逐一学习吧。

4.3.2　创建文档目录

在制作书籍、写论文、标书、项目计划书等长文档的时候，都必须创建目录，通过使用 Word 2010 自动生成目录，可以制作出条理清晰的目录，制作的方法也是非常简单。

操作方法如下。

（1）单击"开始"选项卡中的"样式"选项组右下角的小箭头，打开"样式"窗口，如图 4-173 所示。

（2）把光标移动到需要做目录的章节标题上，然后单击"样式"窗口中相应的"标题样式"应用即可。这里以样文中的"第一卷"为例，选定"第一卷"后，单击"样式"窗口中的"标题 1"，效果如图 4-174 所示（注：也可以自定义"标题 1"的样式，右击"标题 1"，在弹出的快捷菜单中选择"修改"选项，弹出对话框后按自己要求修改即可）。接着按照上面的步骤设置文档中的其他标题，此案例中我们将"卷名"应用"标题 1"样式，卷内各章节名应用"标题 2"样式。

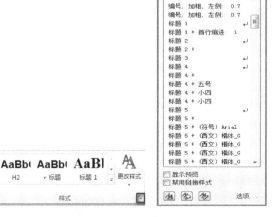

图 4-173　打开"样式"窗口

（3）然后将光标移动到想创建目录的页面，单击"引用"选项卡中的"目录"按钮，然后在弹出窗口中选择"插入目录"命令（图 4-175），在弹出的"目录"对话框中，设置格式为"正式",显示级别为"2","目录"对话框及生成目录分别如图 4-176 与图 4-177 所示(注:如果对文章内容进行了修改,想相应的修改目录的话,只需在目录上右击,在弹出的快捷菜单中选择"更新域"选项即可)。

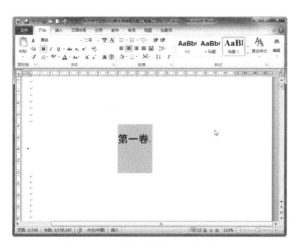

图 4-174　应用"标题 1"样式　　　　　　　图 4-175　"插入目录"命令

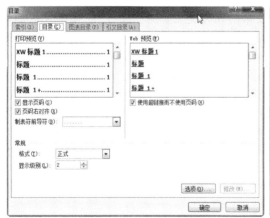
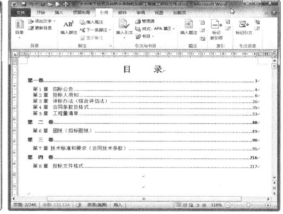

图 4-176　"目录"对话框　　　　　　　图 4-177　生成目录

4.3.3　插入分节符

在进行 Word 文档排版时,经常需要对同一个文档中的不同部分采用不同的版面设置,如设置不同的页面方向、页边距、页眉和页脚,或重新分栏排版等,如图 4-178 与图 4-179 所示。这时,如果通过"页面设置"来改变相关设置,就会引起整个文档所有页面的改变。怎么办呢?这时就需要对 Word 文档进行分节了。"节"是文档的一部分,可以在其中单独设置某些页面格式设置选项。除非插入分节符,否则 Microsoft Word 2010 会将整个文档视为一个节。分节符是为了表示节结束而插入的标记。下面就来学习怎样插入"分节符"吧。

第 1 步,打开 Word 2010 文档窗口,将光标定位到准备插入分节符的位置。然后切换到"页面布局"功能区,在"页面设置"选项组中单击"分隔符"按钮,如图 4-180 所示。

文字排版处理（Word 2010）   项目 4

图 4-178　不同的页眉设置

图 4-179　不同的页面设置

第 2 步，在打开的"分隔符"列表中，"分节符"区域列出 4 种不同类型的分节符：

（1）下一页：插入分节符并在下一页上开始新节。

（2）连续：插入分节符并在同一页上开始新节。

（3）偶数页：插入分节符并在下一偶数页上开始新节。

（4）奇数页：插入分节符并在下一奇数页上开始新节。

选择合适的分节符即可，这里分节符类型选择"下一页"，如图 4-181 所示。

图 4-180　分隔符

图 4-181　选择分节符

4.3.4　设置页眉与页脚

首先来了解一下什么是页眉和页脚，这里给出一个通俗的定义，页眉和页脚通常显示文档的附加信息，常用来插入时间、日期、页码、单位名称、微标等。其中，页眉在页面的顶部，页脚在页面的底部。

设置页眉与页脚的操作步骤如下。

（1）打开 Word 2010 文档，定位到要插入页眉和页脚的页面，将光标定位到当前页的页首，单击"插入"选项卡中的"页眉和页脚"选项组中需要的按钮，如图 4-182 所示。

（2）单击"页眉"按钮后，会有一些页眉的模板提供参考。这里选择"编辑页眉"，这时会出现"页眉和页脚工具"选项卡，如图 4-183 与图 4-184 所示。

（3）设置与上一节不同的页眉与页脚，注意：在接下来的"链接到前一条页眉"选项中，要单击"否（N）"按钮，即第 2 节的页眉与第 1 节不同，如图 4-185 所示。然后在页眉中输入"永州市宁远县凤仙桥水库除险加固工程施工 招标文件"，单击"转至页脚"，即可进入页脚设置,如图 4-186 所示。

图 4-182 "页眉和页脚"选项组

图 4-183 编辑页眉

图 4-184 页眉编辑状态

图 4-185 链接到前一条页眉

(4)插入 logo 图片,一条直线后,输入相应文字,并进行多行文本的对齐排版,如图 4-186 所示。定位页码插入位置,单击"设计"→"页码"→"当前位置"→"普通数字"按钮,即可插入页码,最终完成了页脚的设置,如图 4-187 与图 4-188 所示。设置完成后可单击右上方的"关闭页眉和页脚"按钮或双击文档退出页眉页脚编辑状态。

图 4-186　页脚编辑

图 4-187　插入页码

图 4-188　页脚完成效果

4.3.5　跨页表格

表格跨页是实际文档编辑中经常遇到的状况，本案例中也有多处。所以，跨页表格的设置也是我们必须熟练掌握的操作技能之一，具体设置如下。

1．实现表格跨页断行功能

在如图 4-189 所示的表格中，单击表格任意单元格，然后单击"表格工具布局"选项卡中的"表"选项组中的"属性"按钮，如图 4-189 所示。在"表格属性"对话框中单击"行"选项卡，选中"允许跨页断行"复选框，并单击"确定"按钮，如图 4-190 所示，即可实现表格跨页断行功能。

图 4-189　"属性"按钮

图 4-190　"表格属性"对话框

2. 跨页的表格中自动添加表头

当表格是多行，且至少跨两页时，为方便跨页表格数据的识别和读取，就需要在跨页的表格中自动添加表头，具体操作如下。

单击表格表头中的单元格，在"表格工具布局"选项卡上的"数据"选项组中，单击"重复标题行"按钮，如图 4-191 所示。或者打开"表格属性"对话框，在"行"选项卡中，选中"在各页顶端以标题行形式重复出现"复选框。这两种方法都可为跨页的表格自动添加表头。

图 4-191 设置"重复标题行"

4.3.6 应用拓展

目录的制作

打开"素材\目录制作.docx"，按下列操作要求进行设置。

（1）插入分隔符和页码。在文章的最前面插入分隔符：分节符类型为"下一页"，将光标定位到文件的第 2 页，插入页码，起始页码为 1。

图 4-192 目录样图

（2）样式的应用：将如图 4-192 所示的一级目录文字应用标题 1 样式，二级目录文字应用标题 2 样式，三级目录文字应用标题 3 样式。

（3）插入目录：在文档的首部插入如图 4-192 所示的目录，目录格式为"优雅"，显示页码，页码右对齐，显示级别为 3 级，制表前导符为"--------"。目录制作完成后效果如图 4-192 所示。

任务小结

通过本任务案例的学习，我们掌握了在长文档中经常要使用的操作技巧和方法。包括目录的制作、页眉页脚的设置、分节及跨页表格等。

项目综合实训

NBA 板报的制作

操作步骤如下。

基本材料在素材文件夹中，新建空白文档，然后进行如下操作：

(1) 页面设置：上下左右页边距均为 2 厘米，A3 纸，横向。
(2) 将页面设置为居中分栏,分为两栏,栏间距 7 个字符。
(3) 将文字材料复制进文档。
(4) 请制作如图 4-193 所示的标题，"NBA 时空"艺术字形状设为"纯文本"型,文字环绕设置为"上下型环绕",将艺术字填充色设为从黄色到橙色的渐变色，线条设为无颜色。在主标题下使用"自选图形"制作一条线段，以便和第一篇文章的标题"乔丹复出空穴来风"[隶书](填充效果→颜色→预设→彩虹出岫；底纹样式→垂直→变形（右一））相隔开。插入 NBA 标志图，调整其大小位置，然后与前面所做的两个艺术字、线段组合为一个图片，稍作调整，板报标题就做好了。
(5) 插入第一篇文章的配图，调整图片到合适大小，设置其环绕方式为"四周型"，并将图片拖动到合适位置。
(6) 设置第二篇文章的标题，将其字体设为"华文彩云字体、小初字号"。
(7) 插入并设置"NBA 技术统计榜"文本框。在文本框中插入一个 9 行 3 列的表格,并设为虚线框，调整其大小。推荐使用文本转换成表格（注意：转换前要将文本按列对齐，列与列之间至少要空一格）。
(8) 插入艾弗逊图片，调整图片到合适大小，设置其环绕方式为"四周型"，并将图片拖动到合适位置。

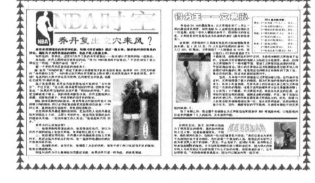

(9) 使用"直线"自选图形分割第二篇文章和第三篇文章，其设置与前文一样。
(10) 使用艺术字设置第三篇文章的标题，插入第三篇文章的配套图片，并做相应设置。
(11) 插入两个矩形框，大小刚刚覆盖左右两边文稿，设置为无填充色即可。
(12) 制作如图 4-193 所示的页面边框（注：艺术型）。

图 4-193　板报样图

(13) 最后进行细节调整，尽量接近样图，依照与样图的接近度得分。

项目总结

通过本项目的学习，我们基本上掌握了 Word 2010 文档创建与保存、查找和替换文字；设定文字格式（设置字体、字号、字形和字体颜色、间距和位置）；设置段落格式（段落的对齐与缩进、设置段落间距、行距）；边框和底纹和项目符号与编号；各类图形对象的插入及排版；页眉与页脚的设置；分节；表格制作以及页面设置与打印等常用 Word 2010 操作技巧。可以说具备了使用 Word 2010 创建、编辑、排版和打印各类制式文档的工作能力。

项目 5

电子表格数据处理（Excel 2010）

本项目以 Excel 2010 为例学习电子表格数据处理操作。Excel 2010 是一个电子表格软件，可以用来制作电子表格，完成许多复杂的数据运算，进行数据的分析和预测，并且具有强大的图表制作功能，使读者能轻松胜任工程财务与人事方面的办公技能要求。

知识目标

- ▶ 掌握工作簿、工作表和单元格的基本操作。
- ▶ 掌握文本输入、快速填充表格的操作。
- ▶ 掌握设置对齐方式、表格样式的操作。
- ▶ 掌握插入图片、艺术字以及美化图表的操作。
- ▶ 掌握数据筛选、排序、公式、函数的使用以及打印工作表的操作。

能力目标

能够熟练使用 Excel 2010 软件来制作各类表格式花名册，具备计算工程类财务类统计表格的能力，具备对工程类财务类统计表格进行数据分析的能力。

工作场景

日常办公中常规表格花名册。
工程类统计表格的计算以及数据分析。
财会类统计表格的计算以及数据分析。

任务 5.1 “长沙县战备水库形式评审表”的制作

评审表格是日常评审工作中最常见的制作，通过学习制作会议通知，可以掌握日常简易文档创建、编辑排版与打印。

5.1.1 样文展示及分析

样文展示：

首先让我们来看看一份常见的会议通知，如图 5-1 所示。

长沙县战备水库形式评审标准表

项目名称：长沙县战备水库除险加固工程施工

招标编号：CSX-2010CXJG-ZB-SG

序号	条款号	评审因素	评审标准	评审结果	申请人						
					湖南华宇水利水电建设工程有限公司	湖南黄花建设集团	桃源县水电工程建设有限责任公司	湖南省宁乡县水利水电建设总公司	岳阳市云溪区水利水电建筑安装工程公司	湖南麒辉建设集团有限公司	慈利县水利水电建设总公司
1	2.1.1	投标人名称	与营业执照、资质证书、安全生产许可证一致	合格 不合格	合格	不合格	不合格	不合格	不合格	不合格	不合格
2		签字盖章	符合第二章“投标人须知”第3.7.3项规定	合格 不合格	不合格	不合格	合格	合格	合格	不合格	不合格
3		投标文件格式	符合第八章“投标文件格式”的要求	合格 不合格	不合格	不合格	合格	合格	合格	不合格	不合格
4		报价唯一	只能有一个有效报价	合格 不合格	不合格	不合格	合格	合格	合格	不合格	不合格
5		投标文件的正本、副本数量	符合第二章“投标人须知”第3.7.4项规定	合格 不合格	不合格	不合格	不合格	不合格	不合格	合格	不合格
6		投标文件装订要求	符合第二章“投标人须知”第3.7.5项规定	合格 不合格	不合格	不合格	不合格	合格	合格	不合格	合格
评审结论											

评委签字：

图 5-1　长沙县战备水路形式评审标准表

典型工作任务要求：

（1）新建 Excel 2010 文档，请在工作表中重命名工作表，名称为：形式评审标准表。

（2）请按照图 5-1 输入以上文字。

（3）请设置表格边框使用如图 5-1 所示的外粗内细的形式。

（4）请设置如图 5-1 所示的粉红色底纹。

（5）请设置版面横向打印模式，调节表格适当的列宽和行高，并且将所有的文字显示在打印预览的一页当中。

（6）保存文件名为“表格输入 1.xls”。

工作任务分析：

评审表的制作在工程评审中是非常常见的工作，需要掌握以下技能。

第一，创建一个 Excel 2010 工作簿，录入文本以及数据。

第二，对输入的文本和数据进行一些格式的设置。

第三，对表格的边框和底纹进行一些设置。

第四，进行最后的排版和页面设置，即可打印输出了。

5.1.2 Excel 2010 工作簿的基本操作

启动 Excel 2010 时，系统会自动打开一个新的 Excel 2010 文件，默认名称为“工作簿 1”。

打开 Excel 2010 文件后，用户还可以进行保存、移动以及隐藏工作簿等操作。

1．创建工作簿

使用 Excel 2010 工作之前，首先要创建一个工作簿。根据创建工作簿的类型不同可以分为 3 种方法：创建空白工作簿、基于现有工作簿创建工作簿和使用模板快速创建工作簿。

1）创建空白工作簿

创建空白工作簿是经常使用的一种创建工作簿方法，可以采用下面 4 种方法来创建空白工作簿。

（1）启动 Excel 2010 软件后，系统会自动创建一个名称为"工作簿1"的空白工作簿，如图 5-2 所示。

如果已经启动了 Excel 2010，还可以通过以下 3 种方法创建新的工作簿。

（2）使用"文件"选项卡。单击"文件"选项卡，在弹出的下拉菜单中选择"新建"选项，在"可用模板"中单击"空白工作簿"，如图 5-3 所示，单击右侧的"创建"按钮即可创建一个新的空白工作簿。

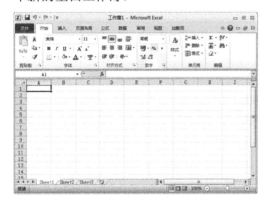
图 5-2　空白工作簿

图 5-3　"文件"选项卡

（3）使用快速访问工具栏。单击"快速访问工具栏"右侧的 按钮，在弹出的下拉菜单中选择"新建"命令，即可将"新建"功能添加到快速访问栏中。然后单击"新建"按钮，也可新建一个空白工作簿，如图 5-4 所示。

图 5-4　快速访问工具栏

(4) 使用快捷键。使用 Ctrl+N 组合键也可以新建一个新的空白工作簿。

2) 基于现有工作簿创建工作簿

如果要创建的工作簿格式和现有的某个工作簿相同或类似，则可基于该工作簿创建，然后在其基础上修改即可，这样可以大大提高工作效率。基于现有工作簿创建新工作簿的具体操作步骤如下。

(1) 选择"文件"选项卡，在左侧的列表中选择"新建"选项，在中间区域选择"根据现有内容新建"选项，如图 5-5 所示。

(2) 弹出"根据现有工作簿新建"对话框，选择"素材\Excel 2010 工作表、图表与数据处理\升学成绩单.xlsx"文件，如图 5-6 所示。

图 5-5　根据现有内容创建工作簿　　　　图 5-6　"根据现有工作簿新建"对话框

(3) 单击"新建"按钮，即可建立一个与"升学成绩单"结构完全相同的工作表"升学成绩单 1.xlsx"，此文件名为默认文件名，如图 5-7 所示。

3) 使用模板快速创建工作簿

为了方便用户创建常见的一些具有特定用途的工作簿，如贷款分期付款、账单以及考勤卡等，Excel 2010 提供了很多具有不同功能的工作簿模板。使用模板快速创建工作簿的具体操作步骤如下。

(1) 选择"文件"选项卡，在弹出的下拉菜单中选择"新建"命令，在中间的"可用模板"区域选择"样本模板"选项，如图 5-8 所示。

图 5-7　创建的"升学成绩单 1.xlsx"工作簿　　　　图 5-8　"样本模板"选项

（2）在"样本模板"列表中选择需要的模板（如"个人月度预算"），在右侧会显示该模板的预览图，单击"创建"按钮，如图 5-9 所示。

（3）此时系统自动创建一个名称为"个人月预算 1"的工作簿，在工作簿内的工作表已经设置了格式和内容，只要在工作簿中输入相应的数据即可，如图 5-10 所示。

> **小技巧**
>
> 在连接网络的情况下，还可以使用 Office.com 提供的模板，选择模板之后，Excel 2010 会自动下载并打开此模板，并以此为模板创建新的工作簿。

图 5-9　"个人月度预算"模板　　　　图 5-10　"个人月预算 1"工作簿

2．保存工作簿

在使用工作簿的过程中，要及时对工作簿进行保存操作，以避免因电源故障或系统崩溃等突发事件而造成的数据丢失。保存工作簿的具体操作步骤如下。

（1）选择"文件"选项卡列表中的"保存"选项，如图 5-11 所示，或单击快速访问工具栏中的"保存"按钮，也可以按 Ctrl+S 组合键。

图 5-11　"保存"选项

（2）弹出"另存为"对话框，在"保存位置"下拉列表中选择文件的保存位置，在"文件名"文本框中输入文件的名称，如"保存举例"，如图 5-12 所示，然后单击"保存"按钮，即可保存该工作簿。

（3）保存后返回 Excel 2010 编辑窗口，在标题栏中将会显示保存后的工作簿名称，如图 5-13 所示。

电子表格数据处理（Excel 2010）　　项目 5

图 5-12　"另存为"对话框

图 5-13　保存后的工作簿

提示
如果不是第一次保存工作簿，只是对工作簿进行了修改和编辑，单击"保存"按钮后，不会弹出"另存为"对话框。

还可以将保存后的工作簿以其他的文件名称保存，即另存为工作簿。具体的操作步骤如下。

① 选择工作簿窗口中"文件"选项卡，在弹出的列表中选择"另存为"选项，弹出"另存为"对话框。

② 选择合适的保存位置后，在"另存为"对话框中的"文件名"后输入文件名，然后单击"保存"按钮即可。

3．打开和关闭工作簿

在实际工作中，常常会打开已有的工作簿，然后对其进行修改、查看等操作。

1）打开工作簿

打开工作簿的常用方法有以下 4 种。

（1）找到文件在资源管理器中的位置，在 Excel 2010 文件上双击，即可打开工作簿文件。

（2）启动 Excel 2010 软件，单击"文件"选项卡，选择"打开"选项，在弹出的"打开"对话框中找到文件所在的位置，然后双击文件即可打开已有的工作簿，如图 5-14 所示。

（3）单击"快速访问工具栏"中的"打开"按钮 。

（4）使用 Ctrl+O 组合键。

2）关闭工作簿

退出 Excel 2010 与退出其他应用程序一样，通常有以下 4 种方法。

（1）单击 Excel 2010 窗口右上角的"关闭"按钮 。

需要注意的是，在 Excel 2010 界面的右上角有两个 按钮，单击下面的 按钮，则只关闭当前文档，不退出 Excel 2010 程序；单击上面的 按钮，则退出整个 Excel 2010 程序。

（2）在 Excel 2010 窗口左上角单击"文件"按钮，在弹出的菜单中选择"关闭"命令，如图 5-15 所示。

（3）在 Excel 2010 窗口左上角单击 图标，在弹出的菜单中选择"关闭"命令，或用鼠标左键双击 图标，如图 5-16 所示。

（4）使用 Alt+F4 组合键关闭工作簿。

在关闭 Excel 2010 文件之前，如果所编辑的表格没有保存，系统会弹出保存提示对话框，如图 5-17 所示。

图 5-14　使用"文件"选项卡打开已有工作簿　　　图 5-15　使用"文件"选项卡关闭文件

图 5-16　利用命令关闭文件　　　　　　图 5-17　"Microsoft Excel"提示对话框

> **提示**
> 单击"保存"按钮，将保存对表格所做的修改，并关闭 Excel 2010 文件；单击"不保存"按钮，则不保存表格的修改，并关闭 Excel 2010 文件；单击"取消"按钮，不关闭 Excel 2010 文件，返回 Excel 2010 界面中继续编辑表格。

如果要关闭所有的 Excel 工作簿，可以在按住 Shift 键的同时，单击窗口右上角上面的"关闭"按钮，若工作簿未保存，则会弹出如图 5-18 所示的对话框，根据需要单击不同按钮即可。

图 5-18　"Microsoft Excel"提示对话框

4．工作簿的移动和复制

移动是指工作簿从一个位置移到另一个位置，它不会产生新的工作簿；复制会产生一个和原工作簿内容相同的新工作簿。

1）工作簿的移动

（1）选择要移动的工作簿文件，如果要移动多个工作簿文件，在按住 Ctrl 键的同时单击要移动的工作簿文件。按 Ctrl+X 组合键对选择的工作簿文件进行剪切，Excel 2010 会自动地将选择的工作簿复制到剪贴板中。如图 5-19 所示，在"文件夹 1"中选择"成绩单.xlsx"文件后，按 Ctrl+X 组合键。

（2）打开要移动到的目标文件夹，按 Ctrl+V 组合键粘贴文件，Excel 2010 会自动地将剪贴板中的工作簿复制到当前的文件夹中，完成工作簿的移动操作。如图 5-20 所示，按 Ctrl+V 组合键将"成绩单.xlsx"粘贴在"文件夹 2"中，"文件夹 1"中的文件"成绩单.xlsx"被移走。

电子表格数据处理（Excel 2010）　　项目 5

图 5-19　使用 Ctrl+X 组合键剪切文件　　　　图 5-20　使用 Ctrl+V 组合键粘贴文件

2）工作簿的复制

（1）选择要复制的工作簿文件，如果要复制多个，在按住 Ctrl 键的同时单击要复制的工作簿文件。如图 5-21 所示，在"文件夹 1"中选择"成绩单.xlsx"文件后，按 Ctrl+C 组合键复制选择的工作簿文件。

（2）打开要复制到的目标文件夹，按 Ctrl+V 组合键粘贴文档，即可完成工作簿的复制操作。如图 5-22 所示，"成绩单.xlsx"文件被复制到"文件夹 2"中，"文件夹 1"中仍然保留"成绩单.xlsx"文件。

图 5-21　使用 Ctrl+ C 组合键复制文件　　　　图 5-22　文件被复制到"文件夹 2"中

5．工作簿的隐藏与显示

根据个人使用情况的需要，用户可以选择隐藏或者显示某个工作簿。

1）隐藏工作簿窗口

打开需要隐藏的工作簿，在"视图"选项卡上的"窗口"选项组中，单击"隐藏"按钮，如图 5-23 所示，当前窗口即被隐藏起来，如图 5-24 所示。

图 5-23　"隐藏"按钮　　　　　　　　　　图 5-24　窗口被隐藏

147

退出 Excel 2010 时，系统会询问用户是否要保存对隐藏的工作簿窗口所做的更改。如果希望下次打开该工作簿时隐藏工作簿窗口，单击"是"按钮即可完成隐藏工作簿的操作。

2）显示隐藏的工作簿窗口

图 5-25 "取消隐藏"按钮

在"视图"选项卡上的"窗口"选项组中单击"取消隐藏"按钮，则隐藏的工作簿可以显示出来，如图 5-25 所示。

5.1.3 Excel 2010 工作表的基本操作

Excel 2010 创建新的工作簿时，默认包含 3 个名称为 Sheet1、Sheet2 和 Sheet3 的工作表，下面介绍工作表的基本操作。

1．工作表的创建

如果编辑 Excel 2010 表格时需要使用更多的工作表，则可插入新的工作表。在每一个 Excel 2010 工作簿中最多可以创建 255 个工作表，但在实际操作中插入的工作表的数目要受所使用的计算机内存的限制。插入工作表的具体操作步骤如下。

（1）在 Excel 2010 窗口中单击工作表 Sheet3 的标签，如图 5-26 所示。

（2）在"开始"选项卡中单击"单元格"选项组中的"插入"右侧的 按钮，在弹出的下拉菜单中选择"插入工作表"命令，即可在当前工作表的前面插入工作表 Sheet4，如图 5-27 所示。

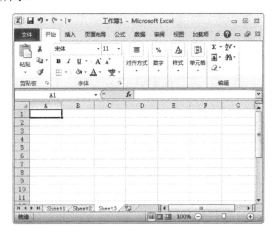

图 5-26 单击工作表 Sheet3 的标签

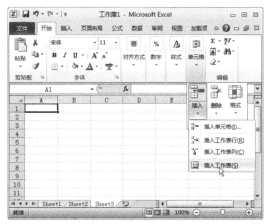

图 5-27 插入工作表 Sheet4

也可以使用快捷菜单插入工作表，而且更加方便快捷。具体操作步骤如下。

① 在 Sheet3 工作表标签上右击，在弹出的快捷菜单中选择"插入"命令，如图 5-28 所示。

② 弹出"插入"对话框，选择"工作表"图标，单击"确定"按钮，即可在当前工作表的前面插入工作表 Sheet4，如图 5-29 所示。

电子表格数据处理（Excel 2010）　　项目 5

图 5-28 "插入"命令

图 5-29 "插入"对话框

2．选择单个或多个工作表

对 Excel 2010 表格进行各种操作之前，首先要选择工作表。每一个工作簿中的工作表的默认名称是 Sheet1、Sheet2、Sheet3。默认状态下，当前工作表为 Sheet1。

1）用鼠标选择工作表

用鼠标选择工作表是最常用、最快速的方法，只需在 Excel 2010 表格最下方需要选择的工作表标签上单击即可。如图 5-30 所示是选择工作表 Sheet2 为当前活动工作表。

2）选择连续的工作表

按住 Shift 键依次单击第 1 个和最后 1 个需要选择的工作表，即可选择连续的 Excel 2010 表格。如图 5-31 所示是连续选择 Sheet2 和 Sheet3 的工作表组。

3）选择不连续的工作表

要选择不连续的 Excel 2010 表格，只需按住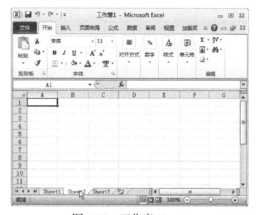

图 5-30 工作表 Sheet2

Ctrl 键的同时选择相应的 Excel 2010 表格即可。如图 5-32 所示是选择 Sheet1、Sheet2、Sheet4 和 Sheet6 的工作表组。

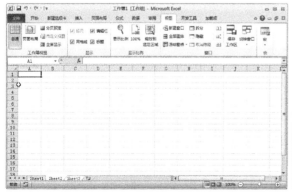

图 5-31 选择连续的工作表　　　　　　　　图 5-32 选择不连续的工作表

3．工作表的复制和移动

移动与复制工作表的具体操作步骤如下。

1）移动工作表

移动工作表最简单的方法是使用鼠标操作,在同一个工作簿中移动工作表的方法有以下两种。

(1) 用鼠标直接拖动。用鼠标直接拖动是移动工作表中经常用到的一种比较快捷的方法。

选择要移动的工作表的标签,按住鼠标左键不放,拖动鼠标让指针移动到工作表的新位置,黑色倒三角形标志会随鼠标指针移动,确认新位置后松开鼠标左键,工作表即被移动到新的位置。如图 5-33 所示,将工作表 Sheet1 拖动到工作表 Sheet2 的后面。

(2) 使用快捷菜单法。

① 在要移动的工作表标签上右击,在弹出的快捷菜单中选择"移动或复制"命令,如图 5-34 所示。

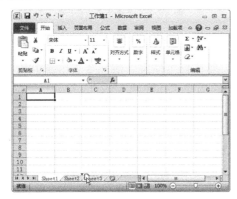

图 5-33　直接拖动工作表　　　　图 5-34　"移动或复制"命令

② 在弹出的"移动或复制工作表"对话框中选择要插入的位置,如图 5-35 所示。
③ 单击"确定"按钮,即可将当前工作表移动到指定的位置,如图 5-36 所示。

 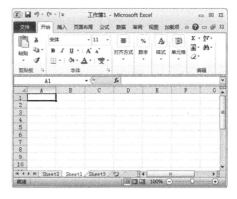

图 5-35　"移动或复制工作表"对话框　　　图 5-36　使用快捷命令移动工作表

另外,工作表不仅可以在一个 Excel 2010 工作簿内移动,还可以在不同的工作簿中移动。但是需要注意的是,若要在不同的工作簿中移动工作表,首先要求这些工作簿均处于打开的状态。具体的操作步骤如下。

① 在要移动的工作表标签上右击,在弹出的快捷菜单中选择"移动或复制"命令,如图 5-37 所示。

② 弹出"移动或复制工作表"对话框,如图 5-38 所示。在"将选定工作表移至工作簿"下拉列表中选择要移动的目标位置,在"下列选定工作表之前"列表框中选择要插入的位置。

单击"确定"按钮,即可将当前工作表移动到指定的位置。

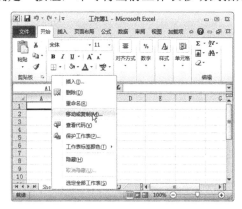

图 5-37 "移动或复制"命令

图 5-38 "移动或复制工作表"对话框

2）复制工作表

要重复使用工作表数据而又想保存原始数据不被修改时,可以复制多份工作表进行不同的操作,用户可以在一个或多个 Excel 工作簿中复制工作表,有以下两种方法。

（1）使用鼠标选择要复制的工作表,按住 Ctrl 键的同时单击该工作表。拖动鼠标让指针移动到工作表的新位置,黑色倒三角形标志会随鼠标指针移动,松开鼠标左键,工作表即被复制到新的位置,如图 5-39 所示。

（2）使用快捷命令。使用快捷菜单也可以复制工作表,其具体操作步骤如下。

① 选择要复制的工作表,在工作表标签上右击,在弹出的快捷菜单中选择"移动或复制"命令,如图 5-40 所示。

图 5-39 拖动鼠标复制工作表

② 在弹出的"移动或复制工作表"对话框中选择要复制的目标工作簿和插入的位置,选中"建立副本"复选框,如图 5-41 所示。

③ 单击"确定"按钮,完成复制工作表的操作。

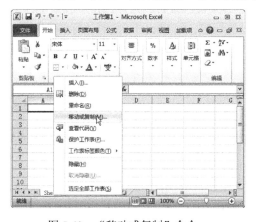

图 5-40 "移动或复制"命令

图 5-41 "移动或复制工作表"对话框

4．删除工作表

为了便于对 Excel 2010 工作簿进行管理，可以将无用的工作表删除，以节省存储空间。删除工作表的方法有以下两种。

1）使用功能区删除工作表

选择要删除的工作表，单击"开始"选项卡中的"单元格"选项组中的"删除"右侧的按钮，在弹出的下拉菜单中选择"删除工作表"命令即可，如图 5-42 所示。

2）使用命令删除工作表

在要删除的工作表的标签上右击，在弹出的快捷菜单中选择"删除"命令，也可以将工作表删除，如图 5-43 所示。

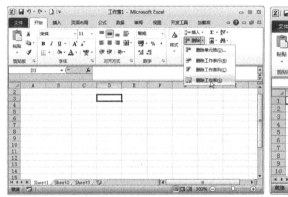
图 5-42　使用功能区删除工作表

图 5-43　"删除"命令

> **注意**
> 删除工作表后，工作表将被永久删除，该操作不能被撤销，要谨慎使用。

5．改变工作表的名称

每个工作表都有自己的名称，默认情况下以 Sheet1、Sheet2、Sheet3……命名工作表。为了便于理解和管理，用户可以通过以下两种方法对工作表进行重命名。

1）在标签上直接重命名

在工作表的标签上用鼠标左键双击即可对工作表重命名，具体操作步骤如下。

（1）用鼠标左键双击需要重命名的工作表的标签，如 Sheet1（此时该标签背景被填充为黑色），进入可编辑状态，如图 5-44 所示。

（2）输入新的标签名，即可完成对该工作表标签进行的重命名操作。

2）使用快捷菜单重命名

使用快捷菜单也可以对工作表重命名，其具体操作步骤如下。

（1）在要重命名的工作表标签上右击，在弹出的快捷菜单中选择"重命名"命令，如图 5-45 所示。

（2）此时工作表标签会高亮显示，在标签上输入新的标签名，完成工作表的重命名操作。

电子表格数据处理（Excel 2010）　　项目 5

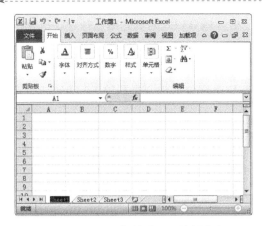

图 5-44　Sheet1 标签进入可编辑状态

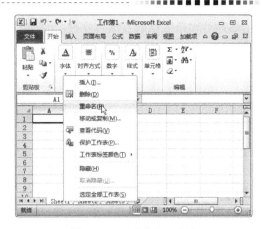

图 5-45　"重命名"命令

5.1.4　单元格的基本操作

单元格是 Excel 2010 工作表中编辑数据的基本元素，由列和行组合进行表示。单元格的列用字母表示，行用数字表示，如 B5 就是第 B 列和第 5 行的交汇处。

1．选择单元格

选择单元格可以有多种方法，下面分别进行介绍。

1）选择一个单元格

选择一个单元格的常用方法有以下 3 种。

（1）用鼠标选择。用鼠标选择单元格是最常用、最快速的方法，只需在单元格上单击即可选择该单元格。单元格被选择后，变为活动单元格，其边框以黑色粗线标识。

（2）使用名称框。在名称框中输入目标单元格的地址，如"D4"，按 Enter 键即可选择第 D 列和第 4 行交汇处的单元格，如图 5-46 所示。

（3）用方向键选择。使用键盘上的上、下、左、右 4 个方向键，也可以选择单元格，按 1 次则可选择下一个单元格。例如，默认选择的是 A1 单元格，按 1 次"→"键则可选择 B1 单元格，再按 1 次"↓"键则可选择 B2 单元格。

2）选择连续的区域

在 Excel 2010 工作表中，若要对多个连续单元格进行相同的操作，必须先选择这些单元格区域。选择单元格区域 B3:E8 的结果如图 5-47 所示。

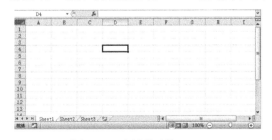

图 5-46　选择单元格 D4

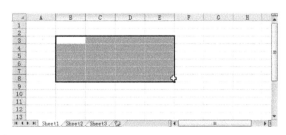

图 5-47　选择单元格区域 B3:E8

单元格区域指工作表中的两个或多个单元格所形成的一个区域。区域中的单元格可以是相邻的，也可以是不相邻的。

153

选择单元格区域的方法有3种，下面以选择单元格区域B3:E8为例介绍选择连续单元格的方法。

（1）鼠标拖动。鼠标拖动是选择连续单元格区域的最常用方法。可以将鼠标指针移到该区域左上角的单元格B3上，按住鼠标左键不放，向该区域右下角的单元格E8拖动，即可将单元格区域B3:E8选中。

（2）使用快捷键选择。单击该区域左上角的单元格B3，按住Shift键的同时单击该区域右下角的单元格E8，即可选择单元格区域B3:E8。

（3）使用名称框。在名称框中输入单元格区域名称"B3:E8"，按Enter键即可选择单元格区域B3:E8。

3）选择不连续的区域

选择不连续的单元格区域，也就是选择不相邻的单元格或单元格区域，具体的操作步骤如下。

（1）选择第1个单元格区域（例如单元格区域B2:C4），将指针移到该区域左上角的单元格B2上，按住鼠标左键不放拖动到该区域右下角的单元格C4后松开鼠标左键，如图5-48所示。

（2）按住Ctrl键不放，按照步骤（1）中的方法选择第2个单元格区域（如单元格区域D6:F9），如图5-49所示。使用同样的方法可以选择多个不连续的单元格区域。

 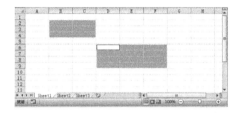

图5-48　选择第1个单元格区域B2:C4　　　　图5-49　选择第2个单元格区域D6:F9

4）选择行或列

要对整行或整列的单元格进行操作，必须先选择整行或整列的单元格。

（1）选择一行。将鼠标指针移动到要选择的行号上，当指针变成➡形状后单击，即可选择该行，如图5-50所示。

（2）选择连续的多行。选择连续的多行的方法有以下两种。

① 将鼠标指针移动到起始行号上，当鼠标指针变成➡形状时，单击并向下拖动至终止行，然后松开鼠标左键即可，如图5-51所示。

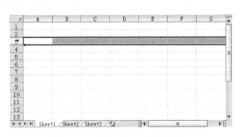 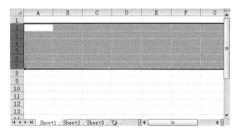

图5-50　选择第3行单元格　　　　图5-51　选择连续的行

② 单击连续行区域的第1行的行号，按住Shift键的同时单击该区域的最后一行的行号

即可。

（3）选择不连续的多行。若要选择不连续的多行，需要按住 Ctrl 键，依次选择需要的行即可，如图 5-52 所示。

（4）选择列。移动鼠标指针到要选择的列标上，当指针变成 ↓ 形状后单击，该列即被选择，此时选择的是单列。若选择多列，方法和上面选择多行的方法相似，此处不再赘述，图 5-53 所示是选择 D 列时的效果图。

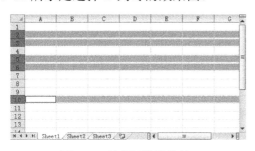 

图 5-52　选择不连续的行　　　　　　　　　图 5-53　选择单列

（5）选择所有单元格。选择所有单元格，也就是选择整个工作表，有以下两种方法。
① 单击工作表左上角行号与列标相交处的"选定全部"按钮，即可选择整个工作表。
② 使用 Ctrl+A 组合键也可以选择整个工作表表格。

2．单元格的合并与拆分

合并与拆分单元格是最常用的调整单元格的操作，用户可以根据合并需要或者拆分需要调整单元格。

1）合并单元格

合并单元格是指在 Excel 2010 工作表中，将两个或多个相邻的单元格合并成一个单元格。合并单元格前必须先选择需要合并的所有相邻单元格。合并单元格的方法有以下两种。

（1）使用功能区合并单元格。使用功能区"对齐方式"选项组可以合并单元格，具体的操作步骤如下。

① 打开"素材\Excel 2010 工作表、图表与数据处理\考试成绩表.xlsx"文件，选择单元格区域 A1:E1，如图 5-54 所示。
② 在"开始"选项卡中单击"对齐方式"选项组中的"合并后居中"按钮，该表格标题行即合并且居中，如图 5-55 所示。

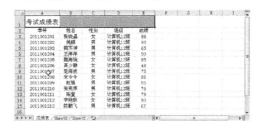 

图 5-54　选择单元格区域 A1:E1　　　　　　图 5-55　合并单元格 A1:E1

（2）使用对话框合并单元格。用户还可以使用"设置单元格格式"对话框进行设置，合并单元格，具体的操作步骤如下。

① 按照上面步骤①的方法，打开素材并选择单元格区域 A1:E1，在"开始"选项卡中单击"对齐方式"选项组右下角的 按钮，弹出"设置单元格格式"对话框，如图 5-56 所示。

图 5-56 "设置单元格格式"对话框

② 选择"对齐"选项卡，在"文本对齐方式"区域的"水平对齐"下拉列表中选择"居中"选项，在"文本控制"区域选择"合并单元格"复选框，如图 5-57 所示，然后单击"确定"按钮。

③ 设置完成后，返回到工作表中，标题行已合并且居中，如图 5-58 所示。

图 5-57 设置单元格对齐方式　　　　图 5-58 标题行合并并居中

> 提示
> 单元格合并后，将使用原始区域左上角的单元格的地址来表示合并后的单元格地址。如上例中合并后的单元格用 A1 来表示。

2）拆分单元格

在 Excel 2010 工作表中，拆分单元格就是将一个单元格拆分成两个或多个单元格。拆分单元格和合并单元格的方法类似，有以下两种（以上例中合并后的考试成绩表为例，介绍拆分单元格的方法）。

（1）使用"对齐方式"选项组。具体的操作步骤如下。

① 选择合并后的单元格 A1，在"开始"选项卡中单击"对齐方式"选项组中的"合并后居中"右侧的三角形按钮，在弹出的菜单中选择"取消单元格合并"命令，如图 5-59 所示。

② 该表格标题行单元格被取消合并，恢复成合并前的单元格，如图 5-60 所示。

电子表格数据处理（Excel 2010） 项目 5

图 5-59 "取消单元格合并"命令

图 5-60 取消单元格的合并

（2）使用"设置单元格格式"对话框。使用"设置单元格格式"对话框也可以拆分单元格，具体的操作步骤如下。

① 右击合并后的单元格，在弹出的快捷菜单中选择"设置单元格格式"命令，弹出"设置单元格格式"对话框，如图 5-61 所示。

② 在"对齐"选项卡中撤销选择"合并单元格"复选框，然后单击"确定"按钮，即可取消合并，如图 5-62 所示。

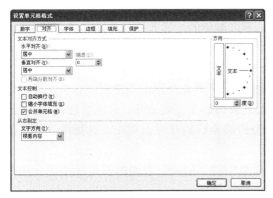

图 5-61 "设置单元格格式"对话框

图 5-62 拆分单元格

3．调整列宽和行高

在 Excel 2010 工作表中，如果单元格的宽度不足以使数据显示完整，数据在单元格里则被填充成"######"的形式或者有些数据会以科学计算法来表示。当列被加宽后，数据就会显示出来。Excel 2010 能根据输入字体的大小自动地调整行的高度，使其能容纳行中最大的字体。用户也可以根据自己的需要来设置。

1）拖动列标之间的边框

将鼠标指针移动到两列的列标之间，当指针变成 ┿ 形状时，按住鼠标左键向右拖动则可使列变宽，如图 5-63 所示。拖动时将显示出以点和像素为单位的宽度工具提示。当然用户也可直接使用鼠标拖动来调整行高。

2）利用复制格式

如果要将某列的列宽调整为与其他列的宽度相同，可以使用复制格式的方法。例如，用户可以选择宽度合适的列（如 D 列），按 Ctrl+C 组合键进行复制操作。然后选择要调整的 B 列和 C 列并右击，在弹出的快捷列表中选择"选择性粘贴"命令，弹出"选择性粘贴"对话框，选中"粘贴"区域下的"列宽"单选按钮，如图 5-64 所示，然后单击"确定"按钮即可。

3）使用对话框调整行高

调整列宽和行高可直接使用鼠标拖动，也可使用对话框调整。

（1）选择需要调整高度的行。在行号上右击，在弹出的快捷菜单中选择"行高"命令。

（2）在弹出的"行高"对话框的"行高"文本框中输入"25"，如图 5-65 所示。

图 5-63　拖动鼠标调整列宽　　图 5-64　"选择性粘贴"对话框　　图 5-65　"行高"对话框

（3）单击"确定"按钮，返回到工作表中，即可将选择的行高设置为"25"。

4．插入行和列

在编辑工作表的过程中，插入行和列的操作是不可避免的。插入列的方法与插入行相同，插入行时，插入的行在选择行的上面；插入列时，插入的列在选择列的左侧。下面以插入行为例，详细介绍其操作步骤。

（1）打开"素材\Excel 2010 工作表、图表与数据处理\某公司职工工资表.xlsx"文件，如果公司新来了一个技术员，需要将他的信息也输入到公司职工工资表中，则需要插入新的行，这里选择将新的行插入到第 4 行，将鼠标指针移动到第 4 行的行号上单击，选择第 5 行，如图 5-66 所示。

（2）在"开始"选项卡中单击"单元格"选项组中的"插入"右侧的三角形按钮，在弹出的下拉菜单中选择"插入工作表行"命令，如图 5-67 所示。

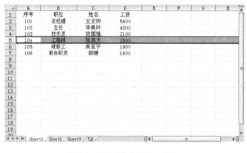

图 5-66　选择第 5 行　　　　图 5-67　"插入工作表行"命令

（3）可在工作表的第 3 行和第 4 行中间插入一个空行，只要在里面输入需要的数据即可增加新技术员的工资信息。

5. 删除行和列

工作表中如果不需要某一个数据行或列，可以将其删除。首先选择需要删除的行或列，然后在"开始"选项卡中单击"单元格"选项组中的"删除"右侧的三角形按钮，在弹出的下拉菜单中选择"删除工作表行"命令，如图 5-68 所示，即可将其删除。

图 5-68 "删除工作表行"命令

> 提示
> 删除列的方法与删除行类似。

6. 隐藏或显示行和列

在 Excel 2010 工作表中，有时需要将一些不需要公开的数据隐藏起来，或者将一些隐藏的行或列重新显示出来。

选择要隐藏行中的任意一个单元格，在"开始"选项卡中单击"单元格"选项组中的"格式"按钮，在弹出的下拉菜单中选择"隐藏和取消隐藏"中的"隐藏行"命令，选择的第 6 行被隐藏起来了，如图 5-69 和图 5-70 所示。

图 5-69 "隐藏行"命令

图 5-70 第 6 行被隐藏

另外，也可以直接使用鼠标拖动隐藏行，将鼠标指针移至第 6 行和第 7 行行号的中间位置，此时指针变为╪形状。向上拖动鼠标使行号超过第 6 行，松开鼠标后即可隐藏第 6 行，如图 5-71 所示。将行或列隐藏后，这些行或列中单元格的数据就变得不可见了。如果需要查看这些数据，就需要将这些隐藏的行或列显示出来。

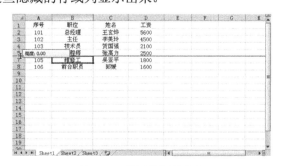

图 5-71 使用鼠标隐藏行

单击"单元格"选项组中的"格式"按钮,在弹出的下拉菜单中选择"可见性"组中的"隐藏和取消隐藏"选项,在弹出的快捷菜单中选择"取消隐藏行"或"取消隐藏列"命令。工作表中被隐藏的行或列即可显示出来。除此之外,用户还可以使用鼠标直接拖动来显示隐藏的行或者列。

7.复制和移动单元格内容

在编辑 Excel 2010 工作表时,若数据输错了位置,不必重新输入,可将其移动到正确的单元格区域;若单元格区域数据与其他区域数据相同,可采用复制的方法来编辑工作表。

(1)复制单元格区域。

① 打开"素材\Excel 2010 工作表、图表与数据处理\职工补助表.xlsx"文件,选择单元格区域 B2:B8,将鼠标指针移动到所选区域的边框线上,指针变成 形状,如图 5-72 所示。

② 按住 Ctrl 键不放,当鼠标指针箭头右上角出现"+"形状时,拖动到单元格区域 H2:H8,即可将单元格区域 B2:B8 复制到新的位置,如图 5-73 所示。

 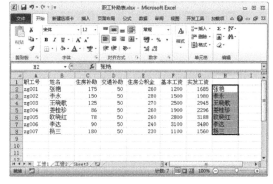

图 5-72 选择单元格并移动鼠标位置　　　　图 5-73 移动单元格

(2)移动单元格区域。

在上述操作中,拖动单元格区域时不按 Ctrl 键,即可移动单元格区域,如图 5-74 所示。除了使用拖动鼠标来移动或复制单元格内容外,还可以使用剪贴板移动或复制单元格区域。

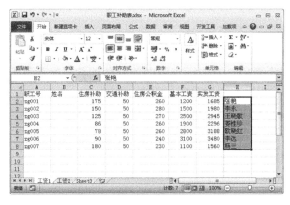

图 5-74 移动工作表

复制单元格区域的方法是先选择单元格区域,按 Ctrl+C 组合键,将此区域复制到剪贴板中,然后通过粘贴(按 Ctrl+V 组合键)的方式复制到目标区域。而移动单元格区域是按

Ctrl+X 组合键,将此区域剪切到剪贴板中,然后通过粘贴(按 Ctrl+V 组合键)的方式移动到目标区域。

8. 插入单元格

在 Excel 2010 工作表中,可以在活动单元格的上方或左侧插入空白单元格,同时将同一列中的其他单元格下移或右移。

在"开始"选项卡中,单击"单元格"选项组中的"插入"右侧的 按钮,在弹出的下拉菜单中选择"插入单元格"命令,弹出"插入"对话框,选中"活动单元格下移"单选按钮,单击"确定"按钮。即可在当前位置插入空白单元格区域,原位置数据则下移一行,如图 5-75 和图 5-76 所示。

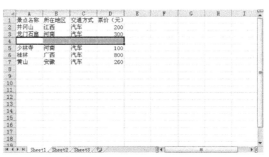

图 5-75 "插入"对话框　　　　图 5-76 插入空白单元格区域

9. 删除单元格

在 Excel 2010 工作表中,用户可以删除不需要的单元格。首先选择需要删除的单元格,然后在"开始"选项卡中单击"单元格"选项组中的"删除"右侧的 按钮,在弹出的下拉菜单中选择"删除单元格"命令即可,如图 5-77 所示。也可以在选择的单元格区域内右击,在弹出的快捷菜单中选择"删除"命令,这时会弹出"删除"对话框,选择相应的单选按钮,如图 5-78 所示,单击"确定"按钮,选择的单元格即被删除。

图 5-77 "删除单元格"命令　　　　图 5-78 "删除"对话框

10. 清除单元格

清除单元格是删除单元格中的内容(公式和数据)、格式(包括数字格式、条件格式和边框)以及任何附加的批注等。

首先需要选择要清除内容的单元格,然后单击"开始"选项卡中的"编辑"选项组中的 按钮,在弹出的下拉菜单中选择"全部清除"命令。单元格中的数据和格式就会被全部删除。根据需要也可以选择"清除格式"命令,此时将只会清除单元格格式而保留单元格的内容或批注。

5.1.5 文本输入

新建一个空白工作簿时，在单元格中输入数据，某些输入的数据 Excel 2010 会自动地根据数据的特征进行处理并显示出来。为了更好地利用 Excel 2010 强大的数据处理能力，需要了解 Excel 2010 的输入规则和方法。

1．输入文本和数值

1）输入文本

文本是单元格中经常使用的一种数据类型，包括汉字、英文字母、数字和符号等。每个单元格最多可包含 32767 个字符。

在单元格中输入"9 号运动员"，Excel 2010 会将它显示为文本形式；若将"9"和"运动员"分别输入到不同的单元格中，Excel 2010 则会把"运动员"作为文本处理，而将"9"作为数值处理，如图 5-79 所示。

图 5-79　输入文本

> **注意**
> 要在单元格中输入文本，应先选择该单元格，输入文本后按 Enter 键，Excel 2010 会自动识别文本类型，并将文本对齐方式默认设置为"左对齐"。

如果单元格列宽容纳不下文本字符串，则可占用相邻的单元格，若相邻的单元格中已有数据，就截断显示，被截断不显示的部分仍然存在，只需增大列宽即可显示出来，如图 5-80 所示。

如果在单元格中输入的是多行数据，在换行处按下 Alt+Enter 组合键，可以实现换行。换行后在一个单元格中将显示多行文本，行的高度也会自动增大，如图 5-81 所示。

图 5-80　文字显示不全　　　　　　　　图 5-81　使用 Alt+Enter 组合键换行

2）输入数值

数值型数据是 Excel 2010 中使用最多的数据类型。

在选择的单元格中输入数值时，数值将显示在活动单元格和编辑栏中。单击编辑栏左侧的 ![x] 按钮，可将正在输入的内容取消；如果要确认输入的内容，则可按 Enter 键或单击编辑栏左侧的 ![√] 按钮。如果数值输入错误或者需要修改数值，也可以通过用鼠标左键双击单元格来重新输入。

在单元格中输入数值型数据后按 Enter 键，Excel 2010 会自动将数值的对齐方式设置为"右对齐"。

在单元格中输入数值型数据的规则如下。

（1）输入分数时，为了与日期型数据区分，需要在分数之前加一个零和一个空格。例如在 A1 中输入"2/5"，则显示"2月5日"；在 B1 中输入"0 2/5"，则显示"2/5"，值为 0.4，如图 5-82 所示。

（2）如果输入以数字 0 开头的字符串，Excel 2010 将自动省略 0，也就是不会显示开头的 0。如果要保持输入的内容不变，可以先输入"'"，再输入数字或字符。例如，在 C3 中输入"'00124"，按 Enter 键后显示为左对齐的 00124，如图 5-83 所示。

图 5-82　分数输入

图 5-83　输入以"0"开头的字符串

（3）若单元格容纳不下较长的数字，则会用科学计数法显示该数据，如图 5-84 所示。

2．输入日期和时间

在工作表中输入日期或时间时，为了与普通的数值数据相区别，需要用特定的格式定义时间和日期。Excel 2010 内置了一些日期与时间的格式，当输入的数据与这些格式相匹配时，Excel 2010 会自动将它们识别为日期或时间数据，如图 5-85 和图 5-86 所示。

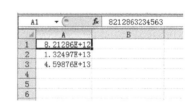

图 5-84　科学计数法显示数据

图 5-85　设置日期

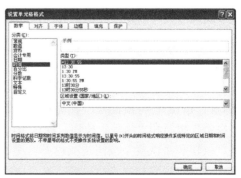

图 5-86　设置时间

1）输入日期

在输入日期时，为了含义确定和查看方便，可以用左斜线或短线分隔日期的年、月、日。例如，可以输入"2011/12/12"或者"2011-12-12"；如果要输入当前的日期，按"Ctrl+;"组合键即可，如图5-87所示。

2）输入时间

输入时间时，小时、分、秒之间用冒号（:）作为分隔符。在输入时间时，如果按12小时制输入时间，需要在时间的后面空一格再输入字母AM（上午）或PM（下午）。例如，输入"8:20 AM"，按下Enter键的时间结果是08:20 AM，如图5-88所示。如果要输入当前的时间，按"Ctrl+Shift+;"组合键即可。

图5-87 输入日期　　　　　　　图5-88 输入时间

日期和时间型数据在单元格中靠右对齐。如果Excel 2010不能识别输入的日期或时间格式，输入的数据将被视为文本并在单元格中靠左对齐。

特别需要注意的是，若单元格中首次输入的是日期，则单元格就自动格式化为日期格式，以后如果输入一个普通数值，系统仍然会换算成日期显示。

3．撤销与恢复输入内容

利用Excel 2010提供的撤销与恢复功能可以快速地取消误操作，使工作效率有所提高。

1）撤销

在进行输入、删除和更改等单元格操作时，Excel 2010会自动记录下最新的操作和刚执行过的命令。当不小心错误地编辑了表格中的数据时，可以利用"撤销"按钮 撤销上一步的操作。

> **提示**
> Excel 2010中的多级撤销功能可用于撤销最近的16步编辑操作。但有些操作，如存盘设置选项或删除文件则是不可撤销的。因此在执行文件的删除操作时要小心，以免破坏辛苦工作的成果。

2）恢复

"撤销"和"恢复"可以看成是一对可逆的操作，在经过撤销操作后，"撤销"按钮右边的"恢复"按钮 将被置亮，表明"恢复"按钮可操作。

"撤销"按钮和"恢复"按钮，默认情况下均在"快速访问工具栏"中。未进行操作之前，"撤销"按钮和"恢复"按钮是灰色不可用的。

5.1.6 常见的单元格数据类型

在单元格进行数据输入时，有时输入的数据和单元格中显示的数据不一样，或者显示的数据格式与所需要的不一样，这是因为 Excel 2010 单元格数据有不同的类型。要正确地输入数据必须先对单元格数据类型有一定的了解。如图 5-89 所示，左列为常规格式的数据显示，中列为文本格式，右列为数值格式。

选择需要设置格式的单元格区域并右击，在弹出的快捷菜单中选择"设置单元格格式"命令，弹出"设置单元格格式"对话框，选择"数字"选项卡，在"分类"列表框中选择格式类型即可，如图 5-90 所示。

图 5-89　不同数据类型的显示

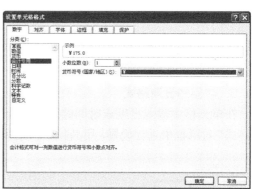

图 5-90　"设置单元格格式"对话框

下面介绍几种常见的单元格格式类型。

1．常规格式

常规格式是不包含特定格式的数据格式，Excel 2010 中默认的数据格式即为常规格式。按 Ctrl+Shift+~组合键，可以应用"常规"格式，如图 5-91 所示。

2．数值格式

数值格式主要用于设置小数点的位数。用数值表示金额时，还可以使用千位分隔符表示，如图 5-92 所示。

图 5-91　常规格式

图 5-92　数值格式

3．货币格式

货币格式主要用于设置货币的形式，包括货币类型和小数位数。按 Ctrl+Shift+$组合键，可以应用带两位小数位的"货币"数字格式。货币格式的设置可以有两种方式，一种是先设置后输入,另一种是先输入后设置。图 5-93 所示为货币格式。

4. 会计专用格式

会计专用格式顾名思义是为会计设计的一种数据格式,它也是用货币符号标示数字,货币符号包括人民币符号和美元符号等。它与货币格式不同的是,会计专用格式可以将一列数值中的货币符号和小数点对齐,如图 5-94 所示。

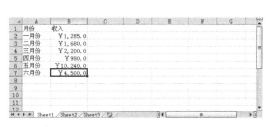

图 5-93　货币格式　　　　　　　　　　图 5-94　会计专用格式

5. 时间和日期格式

在单元格中输入日期或时间时,系统会以默认的日期和时间格式显示。也在"设置单元格格式"对话框中进行设置,用其他的日期和时间格式来显示数字,如图 5-95 和图 5-96 所示。

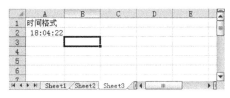 

图 5-95　时间格式　　　　　　　　　　图 5-96　日期格式

6. 百分比格式

单元格中的数字显示为百分比格式有两种情况,先设置后输入和先输入后设置。下面以先设置后输入为例介绍设置百分比格式的方法。

(1)新建一个空白文档,输入如图 5-97 所示的内容,并选择 A2:A6 区域,然后在"设置单元格格式"对话框中设置单元格数字格式为"百分比","小数位数"为"2",单击"确定"按钮。

(2)在 A2:A6 区域输入数字,如图 5-98 所示。可以看出,系统只是应用了 2 位小数和加上了"%"符号。

图 5-97　设置单元格数据格式　　　　　图 5-98　百分比格式

先输入再设置百分比格式的效果如图 5-99 所示。

> **提示**
> 按 Ctrl+Shift+%组合键，可以应用不带小数位的百分比格式。

7．分数格式

默认情况下在单元格中输入"2/5"后按 Enter 键，会显示为 2 月 5 日，要将它显示为分数，可以先应用分数格式，再输入相应的分数，如图 5-100 所示。

图 5-99　先输入再设置百分比格式

图 5-100　输入分数

> **提示**
> 如果不需要对分数进行运算，可以在单元格中输入分数之前，通过选择"设置单元格格式"对话框的"分类"列表框中的"文本"选项，将单元格设置为文本格式。这样，输入的分数就不会减小或转换为小数。

8．科学计数格式

科学计数格式是以科学计数法的形式显示数据，它适用于输入较大的数值。在 Excel 2010 默认情况下，如果输入的数值较大，将自动被转化成科学计数格式。如图 5-101 所示为科学计数格式。

也可以根据需要直接设置科学计数格式，按 Ctrl+Shift+^组合键，可以应用带两位小数的"科学计数"格式。

9．文本格式

文本格式中最直观最常见的输入数据是汉字、字母和符号，数字也可以作为文本格式输入，只需要在输入数字时先输入" ' "即可。Excel 2010 中文本格式默认左对齐，和其他格式一样，也可以根据需要设置文本格式。

图 5-101　科学计数格式

5.1.7　快速填充表格数据

Excel 2010 提供了快速输入数据的功能，利用它可以提高向 Excel 2010 中输入数据的效率，并且可以降低输入错误率。

1．使用填充柄填充

填充柄是位于当前活动单元格右下角的黑色方块，用鼠标拖动或者用鼠标左键双击它可进行填充操作，该功能适用于填充相同数据或者序列数据信息。填充完成后会出现一个图标，单击图标，在弹出的下拉列表中会显示填充方式，可以在其中选择合适的填充方式，如图 5-102 所示。使用填充柄实现快速填充的具体操作步骤如下。

（1）启动 Excel 2010，新建一个空白文档，输入内容，如图 5-103 所示。

图 5-102　选择填充方式

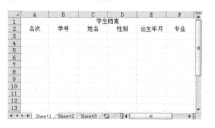
图 5-103　在工作表中输入内容

（2）在单元格 A3 中输入"1"，在单元格 A4 中输入"2"，选择单元格区域 A3:A4，将鼠标指针定位在单元格 A4 的右下角，当指针变成✚形状时向下拖动，即可完成"序号"的快速填充。在单元格 F3 中输入"数学"，将鼠标指针定位在单元格 F3 的右下角，当指针变成✚形状时向下拖动，即可完成文本的快速填充，如图 5-104 所示。

（3）在 D3 和 D4 中分别输入"男"、"女"，选择单元格 D5，按 Alt+↓组合键，在单元格 D5 的下方会显示已经输入数据的列表，选择相应的选项，即可快速输入，如图 5-105 所示。

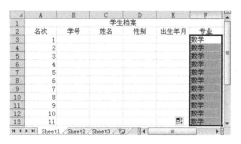
图 5-104　使用填充柄填充

图 5-105　数据选择列表

2．使用"填充"命令填充

在 Excel 2010 中，除使用填充柄进行快速填充外，还可以使用"填充"命令自动填充。

（1）启动 Excel 2010，新建一个空白文档，在单元格 A1 中输入"Microsoft Excel 2010"。

（2）选择要填充序列的单元格区域 A1:A10，在"开始"选项卡中单击"编辑"选项组中的"填充"按钮，在弹出的下拉菜单中选择"向下"命令，如图 5-106 所示。

（3）填充后的效果如图 5-107 所示。

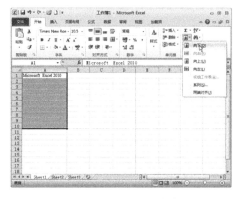
图 5-106　"向下"命令

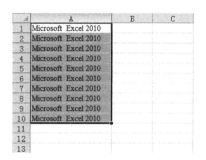
图 5-107　填充效果

电子表格数据处理（Excel 2010） 项目 5

> **提示**
>
> 使用"填充"命令自动填充时，有一些特定位置的单元格区域才可以被填充，如向上、向左和向右等方位。

3．自定义序列填充

在 Excel 2010 中还可以自定义填充序列，这样可以给用户带来很大的方便。自定义填充序列可以是一组数据，按重复的方式填充行和列。用户可以自定义一些序列，也可以直接使用 Excel 2010 中已定义的序列。

自定义序列填充的具体操作步骤如下。

（1）新建一个文档，选择"文件"选项卡，在下拉菜单中选择"选项"命令。

（2）弹出"Excel 选项"对话框，单击左侧的"高级"类别，在右侧下方的"常规"栏中单击"编辑自定义列表"按钮，如图 5-108 所示。

（3）弹出"自定义序列"对话框，在"输入序列"文本框中输入内容，单击"添加"按钮，将定义的序列添加到"自定义序列"列表框中，如图 5-109 所示。

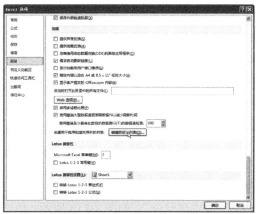

图 5-108　"Excel 选项"对话框　　　　　　图 5-109　添加自定义序列

（4）在单元格 A1 中输入"东北"，把鼠标指针定位在单元格 A1 的右下角，当指针变成 ✚ 形状时向下拖动鼠标，即可完成自定义序列的填充，如图 5-110 所示。

5.1.8　查找和替换

使用 Excel 2010 提供的查找和替换功能，用户可以在工作表中快速查找到所需数据，并且可以有选择地用其他数据替换。

图 5-110　自定义序列填充效果

在 Excel 2010 中，用户可以在一个工作表的选择区域内进行查找和替换，也可以在多个工作表内进行查找和替换，只需要选择所需查找和替换的范围即可。查找和替换的具体操作步骤如下。

1．查找数据

（1）打开"素材\Excel 2010 工作表、图表与数据处理\学生选修课程成绩表.xlsx"文件。

在"开始"选项卡中单击"编辑"选项组中的"查找和选择"按钮,在弹出的下拉菜单中选择"查找"命令,如图5-111所示。

(2)弹出"查找和替换"对话框,在"查找内容"文本框中输入要查找的内容,如输入"李思恩",单击"查找下一个"按钮,查找下一个符合条件的单元格,而且这个单元格会自动成为活动单元格,如图5-112所示。

图5-111 "查找"命令   图5-112 "查找和替换"对话框

2. 替换数据

替换数据的操作和查找数据的操作相似,如果只需要找出所需查找的内容,使用查找功能即可,如果查找的内容需要替换为其他文字,则可以使用替换功能。

(1)在"开始"选项卡中单击"编辑"选项组中的"查找和选择"按钮,在弹出的下拉菜单中选择"替换"命令。

(2)弹出"查找和替换"对话框,在"查找内容"文本框中输入要查找的内容,如"李佳唯",在"替换为"文本框中输入要替换成的内容,如"李佳微",如图5-113所示。单击"查找下一个"按钮,查找到相应的内容后,单击"替换"按钮,将替换成指定的内容。再单击"查找下一个"按钮,可以继续查找并替换。

(3)单击"全部替换"按钮,则替换整个工作表中所有符合条件的单元格数据。全部替换完成后会弹出如图5-114所示的提示对话框。

图5-113 "查找和替换"对话框   图5-114 替换结果提示对话框

> **提示**
> 在进行查找和替换时,如果不能确定完整的搜索信息,可以使用通配符?和*来代替不能确定的部分信息。?代表一个字符,*代表一个或多个字符。

5.1.9 设置对齐方式

对齐方式是指单元格中的数据显示在单元格中上、下、左、右的相对位置。Excel 2010 允许为单元格数据设置的对齐方式有左对齐、右对齐和合并居中对齐等。默认情况下,单元格的文本是左对齐,数字是右对齐。

1. 对齐方式

如图 5-115 所示,在"开始"选项卡中的"对齐方式"选项组中,对齐方式按钮的功能说明如下。

图 5-115 对齐方式

(1)"顶端对齐"按钮：选择需调整的单元格,单击该按钮,可使选择的单元格或单元格区域内的数据沿单元格的顶端对齐。

(2)"垂直居中"按钮：选择需调整的单元格,单击该按钮,可使选择的单元格或单元格区域内的数据在单元格内上下居中。

(3)"底端对齐"按钮：选择需调整的单元格,单击该按钮,可使选择的单元格或单元格区域内的数据沿单元格的底端对齐。

(4)"方向"按钮：选择需调整的单元格,单击该按钮,将弹出下拉菜单,可根据各个命令左侧显示的样式进行选择。

(5)"左对齐"按钮：选择需调整的单元格,单击该按钮,可使选择的单元格或单元格区域内的数据在单元格内左对齐。

(6)"居中"按钮：选择需调整的单元格,单击该按钮,可使选择的单元格或单元格区域内的数据在单元格内水平居中显示。

(7)"右对齐"按钮：选择需调整的单元格,单击该按钮,可使选择的单元格或单元格区域内的数据在单元格内右对齐。

(8)"减少缩进量"按钮：选择需调整的单元格,单击该按钮,可以减少边框与单元格文字间的边距。

(9)"增加缩进量"按钮：选择需调整的单元格,单击该按钮,可以增加边框与单元格文字间的边距。

(10)"自动换行"按钮：选择需调整的单元格,单击该按钮,可以使单元格中的所有内容以多行的形式全部显示出来。

(11)"合并后居中"按钮：选择需调整的单元格,单击该按钮,可以使选择的各个单元格合并为一个单元格,并将合并后的单元格内容水平居中显示。单击此按钮右边的按钮,可弹出下拉菜单,用来设置合并的形式。

使用功能区中的按钮设置数据对齐方式的具体操作步骤如下。

(1)打开"素材\Excel 2010 工作表、图表与数据处理\商品销售表.xlsx"文件。选择单元格区域 A1:E1,单击"对齐方式"组中的"合并后居中"按钮，单元格区域 A1:E1 就会合并为一个单元格,且标题居中显示,如图 5-116 所示。

(2)选择单元格区域 A2:E13,单击"对齐方式"组中的"垂直居中"按钮和"居中"按钮,选择区域的数据将被居中对齐,如图 5-117 所示。

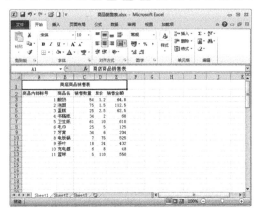
图 5-116 合并单元格

图 5-117 设置单元格数据对齐方式

2．自动换行

有时一个单元格内需要输入较多的数据而列宽又不能太大，这时可以使用自动换行功能。设置文本换行的目的就是将文本在单元格内以多行显示。设置文本自动换行的具体操作步骤如下。

图 5-118 单元格内容显示不完整

（1）新建一个 Excel 2010 空白文档，输入文字，如果输入的文字过长，就会显示在后面的单元格中或显示不完整，如图 5-118 所示。

（2）选择要设置文本换行的单元格区域 A1:A2，在"开始"选项卡中单击"对齐方式"选项组中的"自动换行"按钮，或者在选择的需要换行的单元格区域内右击，在弹出的快捷菜单中选择"设置单元格格式"命令，在弹出的"设置单元格格式"对话框中选中"自动换行"复选框，设置文本的自动换行，如图 5-119 所示，单击"确定"按钮。

（3）设置"自动换行"后的效果如图 5-120 所示。

图 5-119 "设置单元格格式"对话框

图 5-120 设置"自动换行"后的效果

5.1.10 设置文本区域边框线

启动 Excel 2010 时，工作表默认显示的表格线是灰色的，并且不可打印。为了使表格线更加清晰、美观，或者需要打印出表格线，用户可以根据需要对表格边框线进行设置。

1. 使用工具栏进行设置

使用功能区"字体"选项组中的"边框"按钮，可以设置单元格的边框，具体操作步骤如下。

（1）打开"素材\Excel 2010 工作表、图表与数据处理\新生入学信息表.xlsx"文件，选择要设置边框的单元格区域 A2:G14，如图 5-121 所示。

图 5-121　选择单元格区域 A2:G14

（2）在"开始"选项卡中单击"字体"选项组中的"边框"按钮 右侧的 按钮，在弹出的"边框"下拉菜单中，根据需要选择相应的命令，即可为单元格区域设置相应的边框，如图 5-122 所示。

（3）设置所有边框线后的工作表如图 5-123 所示。

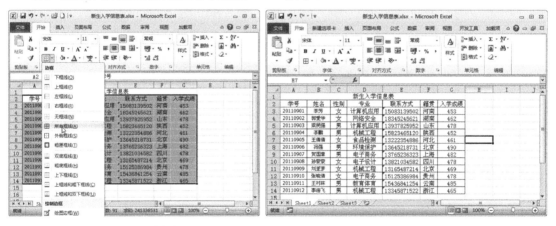

图 5-122　选择边框样式　　　　　　　　　图 5-123　设置边框线效果

2. 打印网格线

如果不设置边框线，仅需打印时才显示边框线，可以通过设置打印网格线的功能来实现。具体的操作步骤如下。

（1）打开"素材\Excel 2010 工作表、图表与数据处理\班级成绩表.xlsx"文件，选择单元格区域 A1:F12 后，单击"页面布局"选项卡中的"页面设置"选项组右下侧的"其他"按钮，弹出"页面设置"对话框，如图 5-124 所示。

（2）在"页面布局"选项卡中选择"网格线"栏中的"打印"复选框；或者单击"工作表选项"选项组右下角的 按钮，在弹出的"页面设置"对话框中切换到"工作表"选项卡，选择"打印"区域中的"网格线"复选框。

（3）单击"确定"按钮，在打印预览状态下可以看到表格中网格的效果，如图 5-125 所示。

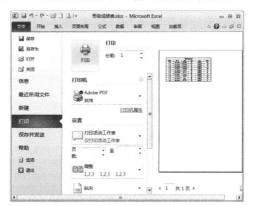

图 5-124　"页面设置"对话框　　　　图 5-125　"打印预览"效果

3．设置边框线型

设置边框线型的具体操作步骤如下。

（1）打开"素材\Excel 2010 工作表、图表与数据处理\班级成绩表.xlsx"文件，选择单元格区域 A1:F12。

（2）在"开始"选项卡中单击"字体"选项组中的"边框"右侧的 按钮，在弹出的下拉菜单中选择"线型"命令，在其下级子菜单中选择一种合适的线型，如图 5-126 所示。

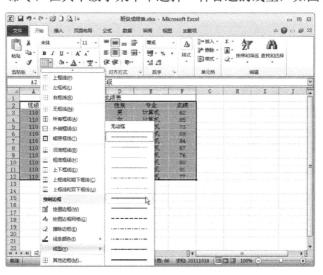

图 5-126　选择线型

（3）在 Excel 2010 窗口中，当鼠标指针变成"铅笔"形状时，拖动指针在要添加边框的单元格区域绘制边框，如图 5-127 所示。

（4）也可以在"开始"选项卡中选择"字体"选项组中的"边框"右侧的 按钮，弹出"边框"下拉列表中，从中选择边框的设置类型（如"所有框线"），快速应用所选的线型，如图 5-128 所示。

图 5-127　绘制边框　　　　　　　　　　图 5-128　快速应用所选线型

5.1.11　快速设置表格样式

1．设置表格样式

使用 Excel 2010 内置的表格样式可以快速地美化表格。Excel 2010 预置有 60 种常用的格式，用户可以套用这些预先定义好的格式，提高工作效率。

（1）打开"素材\Excel 2010 工作表、图表与数据处理\个人情况登记表.xlsx"文件，选择要套用格式的区域 A2:D8，如图 5-129 所示。

（2）在"开始"选项卡中单击"样式"选项组中的"套用表格格式"按钮，在弹出的下拉菜单中选择"浅色"列表中的"表样式浅色 2"选项，如图 5-130 所示。

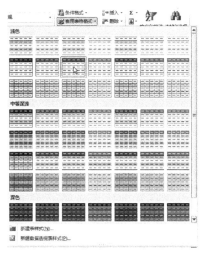

图 5-129　选择区域 A2:D8　　　　　　　图 5-130　"套用表格格式"列表

（3）单击样式，弹出"套用表格式"对话框，如图 5-131 所示，单击"确定"按钮即可套用样式，如图 5-132 所示。

（4）在此样式中单击任意一个单元格，在工具栏中会显示"表格工具"选项卡，可进行样式的更改，如图 5-133 所示。

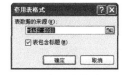

图 5-131　"套用表格式"对话框

图 5-132 套用样式效果

图 5-133 样式的更改

2．设置打印页面

在"页面设置"对话框中对页面进行设置的具体操作步骤如下。

（1）在"页面布局"选项卡中单击"页面设置"选项组右下角的 按钮，如图 5-134 所示。

（2）弹出"页面设置"对话框，选择"页面"选项卡，然后进行相应的页面设置，如图 5-135 所示，设置完成后单击"确定"按钮即可。

图 5-134 "页面设置"选项组

图 5-135 "页面设置"对话框

3．设置页边距

页边距是指纸张上打印内容的边界与纸张边沿间的距离。

（1）启动 Excel 2010，单击"页面布局"选项卡中的 按钮，如图 5-136 所示，弹出"页面设置"对话框。

（2）在"页面设置"对话框中，选择"页边距"选项卡，如图 5-137 所示。

图 5-136 "页面布局"选项卡

图 5-137 "页边距"选项卡

电子表格数据处理（Excel 2010）　　项目 5

（3）在"页面布局"选项卡中单击"页面设置"选项组中的"页边距"按钮，在弹出的下拉菜单中选择一种内置的布局方式，也可以快速地设置页边距，如图 5-138 所示。

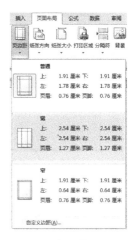

4．设置页眉/页脚

页眉位于页面的顶端，用于标明名称和报表标题；页脚位于页面的底部，用于标明页码、打印日期和时间等。设置页眉/页脚的具体操作步骤如下。

（1）单击"页面布局"选项卡中的"页面设置"选项组右下方的  按钮。

（2）弹出"页面设置"对话框，选择"页眉/页脚"选项卡，从中可以添加、删除、更改和编辑页眉/页脚，如图 5-139 所示。

图 5-138　内置的布局方式

1）使用内置页眉/页脚

Excel 2010 提供了多种页眉/页脚的格式，如果要使用内部提供的页眉和页脚的格式，可以在"页眉"和"页脚"下拉列表中选择需要的格式，如图 5-140 所示。

图 5-139　"页面设置"对话框

图 5-140　内置页眉/页脚

2）自定义页眉/页脚

除了使用内置的页眉/页脚，用户也可以自定义页眉或页脚，进行个性化设置。

在"页面设置"对话框中选择"页眉/页脚"选项卡，单击"自定义页眉"按钮，弹出"页眉"对话框，如图 5-141 所示。

"页眉"对话框中各个按钮和文本框的作用如下。

● "格式文本"按钮 A ：单击该按钮，弹出"字体"对话框，可以设置字体、字号、下画线和特殊效果等，如图 5-142 所示。

● "插入页码"按钮 ：单击该按钮，可以在页眉中插入页码，添加或者删除工作表时 Excel 2010 会自动更新页码。

图 5-141　"页眉"对话框

● "插入页数"按钮 ：单击该按钮，可以在页眉中插入总页数，添加或者删除工作表时 Excel 2010 会自动更新总页数。

● "插入日期"按钮 ：单击该按钮，可以在页眉中插入当前日期，如图 5-143 所示。

● "插入时间"按钮 ：单击该按钮，可以在页眉中插入当前时间。

177

图 5-142 "字体"对话框

图 5-143 "插入日期"按钮

- "插入文件路径"按钮：单击该按钮，可以在页眉中插入当前工作簿的绝对路径。
- "插入文件名"按钮：单击该按钮，可以在页眉中插入当前工作簿的名称。
- "插入数据表名称"按钮：单击该按钮，可以在页眉中插入当前工作表的名称。
- "插入图片"按钮：单击该按钮，弹出"插入图片"对话框，从中可以选择需要插入到页眉中的图片，如图 5-144 所示。
- "设置图片格式"按钮：只有插入了图片，此按钮才可用。单击此按钮，弹出"设置图片格式"对话框，从中可以设置图片的大小、转角、比例、剪切设置、颜色、亮度、对比度等，如图 5-145 所示。

图 5-144 "插入图片"对话框

图 5-145 "设置图片格式"对话框

- "左"文本框：输入或插入的页眉注释将出现在页眉的左上角。
- "中"文本框：输入或插入的页眉注释将出现在页眉的正上方。
- "右"文本框：输入或插入的页眉注释将出现在页眉的右上角。

> **提示**
> 在"页面设置"对话框中单击"自定义页脚"按钮，弹出"页脚"对话框。该对话框中各个选项的作用可以参照"页眉"对话框中各个选项的作用。

5. 设置打印区域

默认状态下，Excel 2010 会自动选择有文字的区域作为打印区域，如果用户希望打印某个区域内的数据，可以在"打印区域"文本框中输入要打印区域的单元格区域名称，或者用鼠标选择要打印的单元格区域。

单击"页面布局"选项卡中"页面设置"选项组中的按钮，弹出"页面设置"对话框，选择"工作表"选项卡,如图 5-146 所示,设置相关的选项后单击"确定"按钮即可。

"工作表"选项卡中各个按钮和文本框的作用如下。

● "打印区域"文本框:用于选择工作表中要打印的区域,如图 5-147 所示。

● "打印标题"区域:当使用内容较多的工作表时,需要在每页的上部显示行或列标题。单击"顶端标题行"或"左端标题行"右侧的 按钮,选择标题行或列,即可使打印的每页上都包含行或列标题,如图 5-148 所示。

● "打印"区域:包括"网格线"、"单色打印"、"草稿品质"、"行号列标"等复选框,以及"批注"和"错误单元格打印为"两个下拉列表,如图 5-149 所示。

● "打印顺序"区域:选中"先列后行"单选按钮,表示先打印每页的左边部分,再打印右边部分。选中"先行后列"单选按钮,表示在打印下页的左边部分之前,先打印本页的右边部分,如图 5-150 所示。

图 5-146 "页面设置"对话框

图 5-147 选择打印区域

图 5-148 设置打印标题区域

图 5-149 设置打印区域   图 5-150 设置打印顺序

任务 5.2 "长沙县战备水库详细评审标准"表的计算

表格的计算是日常评审工作中非常常见的制作,我们通过"长沙县战备水库详细评审标准"表格的计算,学会掌握日常表格数据的计算。

5.2.1 样文展示及分析

1. 典型工作任务要求

(1)打开素材库中的:某水库评审标准表.xls,请按照如图 5-151 所示,通过"开标记录表"中的"投标报价"列数据填入"评审标准表"中。

(2)请按照图 5-152 所示,通过公式求"经评审的投标报价"列,公式为:各公司投标报价-暂列金和暂估价。

(3)请按照图 5-152 所示,通过公式求"与第一次投标平均价格的偏差率"列,公式为:(各公司的经评审的投标报价-第一次投标平均价格)/第一次投标平均价格。

(4)请按照图 5-152 所示,通过函数求"与最终投标平均价差值对的绝对值"列,为:ABS(各公司经评审的投标报价-评审的最终投标平均价)。

（5）请按照图 5-152 所示，通过函数求排名列，排名按照差值绝对值的高低来排列，差值绝对值最低为第一名。

（6）请按照图 5-152 所示，求等级列：前三名为 A 级，前五名为 B 级，其余为 C 级。

（7）请按照图 5-152 所示，在表格右侧通过统计函数给表格做统计：其中报价统一指的是表格第三列的投标报价。

图 5-151　开标记录表

图 5-152　评审标准表样图

2. 工作任务分析

数据表格的计算应用在工程评审过程中是非常普遍的任务，需要掌握以下技能。

第一，通过公式的计算对 Excel 2010 数据区域进行加减求和的操作。

第二，通过函数的应用对 Excel 2010 数据区域进行排名，排等级操作

第三，通过统计函数对 Excel 2010 数据区域进行统计操作

第四，通过函数对数据区域进行工程类统计操作。

5.2.2 单元格引用

单元格的引用就是单元格地址的引用，所谓单元格的引用就是把单元格的数据和公式联系起来。

1. 相对引用和绝对引用

单元格引用样式有相对引用和绝对引用这两种样式，正确地理解和恰当地使用这两种引用样式，对用户使用公式有极大的帮助。

1）相对引用

相对引用是指单元格的引用会随公式所在单元格的位置的变更而改变。复制公式时，Excel 2010 系统不会改变公式原有的格式，但是会根据新的单元格地址的改变，来推算出公式中的数据变化。默认的情况下，公式使用的都是相对引用。

（1）打开"素材\Excel 2010 工作表、图表与数据处理\大学生十月份消费情况调查表.xlsx"文件。

（2）单元格 F3 中的公式是"=C3+D3+E3"，移动鼠标指针到单元格 F3 的右下角，当指针变成"+"形状时向下拖至单元格 F12，这样就可以完成单元格 F4 到 F12 的公式填充，F12 中的公式则会变成"=C12+D12+F12"，如图 5-153 所示。

图 5-153 计算"合计"列

2）绝对引用

绝对引用比相对引用更好理解，它是指在复制公式时，无论如何改变公式的位置，其引用单元格的地址都不会改变。绝对引用的表示形式是在普通地址的前面加"$"，如 C1 单元格的绝对引用形式是$C$1。

（1）打开"素材\Excel 2010 工作表、图表与数据处理\大学生十月份消费情况调查表.xlsx"文件，修改单元格 F3 中的公式为"=$C$3+$D$3+$E$3"，如图 5-154 所示。

（2）移动鼠标指针到单元格 F3 的右下角，当指针变成"+"形状时向下拖动至单元格 F12，

公式仍然为"=$C$3+$D$3+$E$3",即表示这种公式为绝对引用,如图 5-155 所示。

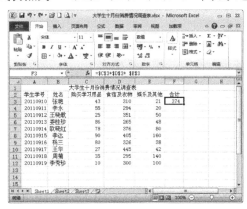 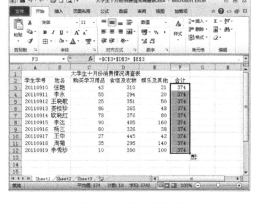

图 5-154　修改单元格 F3 公式　　　　　　　图 5-155　绝对引用效果

2. 输入引用地址

在定义和使用公式进行数据处理时,很重要的一步操作是要输入操作地址,也就是输入引用地址。

Excel 2010 中可以用 3 种方法来输入选取的地址。

- 直接输入引用地址。
- 用鼠标提取地址。
- 利用"折叠"按钮选择单元格区域地址。

下面分别来介绍它们的使用方法。

1)输入地址

输入公式时,可以直接输入引用地址。例如,D1 单元格中的数据是 A1、B1 和 C1 单元格的数据和,可以在 D1 中直接输入"=A1+B1+C1",按 Enter 键后会自动计算出 D1 单元格中的数值为 17,如图 5-156 所示。

2)用鼠标提取地址

用鼠标提取地址是当需要用到某个地址时直接用鼠标选择该地址,而不用直接输入地址。例如,D1 单元格中的数据是 A1、B1 和 C1 单元格的数据和,在 D1 中输入"="后可以用鼠标单击 A1 单元格,这时 D1 中会自动出现 A1 的地址,按照这种方法依次完成后续操作即可,如图 5-157 所示。

图 5-156　输入地址　　　　　　　　　　图 5-157　提取地址

3)用"折叠"按钮输入

选择需要输入公式的单元格,单击编辑栏中的按钮,选择"SUM"函数,弹出 SUM 函数的"函数参数"对话框,如图 5-158 所示。单击单元格地址引用的文本框右侧的"折叠"按钮,可以将对话框折叠起来,然后用鼠标选择单元格区域,如图 5-159 所示。

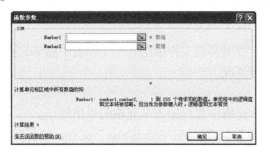
图 5-158 "函数参数"对话框

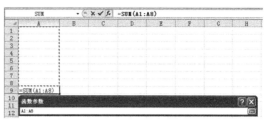
图 5-159 选择单元格区域

单击右侧的"展开"按钮，可以再次显示对话框，同时提取的地址会自动填入文本框中，如图 5-160 所示。

下面通过 SUM 函数来讲解如何使用"折叠"按钮输入引用地址，具体的操作步骤如下。

（1）打开"素材\Excel 2010 工作表、图表与数据处理\家庭消费表.xlsx"文件，选择单元格 F3。

（2）单击编辑栏中的"插入函数"按钮，弹出"插入函数"对话框，在"选择函数"列表框中选择"SUM"选项，如图 5-161 所示，单击"确定"按钮。

图 5-160 "函数参数"对话框

图 5-161 "插入函数"对话框

（3）在弹出的"函数参数"对话框中，单击"Number1"文本框右侧的"折叠"按钮。

（4）此时"函数参数"对话框会折叠变小，在工作表中选择单元格区域 B3:E3，该区域的引用地址将自动填充到折叠对话框的文本框中，如图 5-162 所示。

（5）单击折叠对话框右侧的"展开"按钮，返回"函数参数"对话框，所选单元格区域的引用地址会自动填入"Number1"文本框中，单击"确定"按钮，函数公式所计算出的数据即被输入到单元格 F3 中，如图 5-163 所示。

图 5-162 选择单元格引用区域

图 5-163 计算结果

3．使用引用

引用的使用分为引用当前工作表中的单元格、引用当前工作簿中其他工作表中的单元格、引用其他工作簿中的单元格和引用交叉区域这 4 种情况。

1）引用当前工作表中的单元格

引用当前工作表中的单元格地址的方法是在单元格中直接输入单元格的引用地址。

（1）打开"素材\Excel 2010 工作表、图表与数据处理\员工工资表.xlsx"文件，选择单元格 G3。

（2）在单元格或编辑栏中输入"＝"，选择单元格 C3，在编辑栏中输入"＋"；再选择单元格 D3，在编辑栏中输入"＋"；最后选择单元格 E3，如图 5-164 所示，按 Enter 键即可。

2）引用当前工作簿中其他工作表中的单元格

引用当前工作簿中其他工作表中的单元格，进行跨工作表的单元格地址引用。

（1）接上面的操作步骤，单击员工工资表中的"Sheet2"标签。在 Sheet2 工作表中选择单元格 E3，在单元格中输入"＝"，如图 5-165 所示。

图 5-164　输入公式

图 5-165　在单元格中输入"＝"

（2）单击"Sheet1"标签，选择单元格 G3，在编辑栏中输入"－"，如图 5-166 所示。

（3）单击"Sheet2"标签，选择工作表中的单元格 E3，按 Enter 键，即可在单元格 E3 中计算出跨工作表单元格引用的数据，如图 5-167 所示。

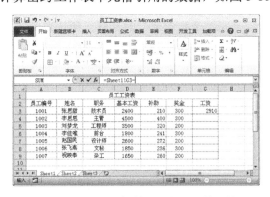

图 5-166　用鼠标单击选择引用单元格

图 5-167　引用"Sheet2"数据

3）引用其他工作簿中的单元格

引用其他工作簿中的单元格的方法，和上面讲述的方法类似，这两类操作的区别仅仅是引用的工作表单元格是不是在同一个工作簿中。对多个工作簿中的单元格数据进行引用时，打开需要用到的每一个工作簿中的工作表，在需要引用的工作表中直接选择单元格即可。

4) 引用交叉区域

在工作表中定义多个单元格区域，或者两个区域之间有交叉的范围，可以使用交叉运算符来引用单元格区域的交叉部分。交叉运算符就是一个空格，也就是将两个单元格区域用一个（或多个）空格分开，就可以得到这两个区域的交叉部分。例如，两个单元格区域 A1:C8 和 C6:E11，它们的相交部分可以表示为"A1:C8 C6:E11"。

5.2.3 公式的应用

公式和函数具有非常强大的计算功能，为用户分析和处理工作表中的数据提供了很多的方便。

1．输入公式

输入公式时，以等号"="作为开头，用于标识输入的是公式而不是文本。在公式中经常包含算术运算符、常量、变量、单元格地址等。输入公式的方法如下。

1) 手动输入

手动输入公式是指所有的公式内容均用键盘来输入。在选择的单元格中输入等号（=），后面输入公式。输入时，字符会同时出现在单元格和编辑栏中，输入完成后按 Enter 键，Excel 2010 会自动进行数据的计算并在单元格中显示结果，如图 5-168 所示。

图 5-168 输入公式

2) 单击输入

单击输入更加简单、快速，不容易出问题。可以直接单击单元格引用，而不是完全靠键盘输入。例如，要在单元格 B4 中输入公式"=B2+B3"，具体的操作步骤如下。

（1）在 Excel 2010 中新建一个空白工作簿，在 B2 中输入"15"，在 B3 中输入"16"，并选择单元格 B4，输入等号"="，单击单元格 B2，此时 B2 单元格的周围会显示一个活动虚框，单元格 B2 地址将被添加到公式中，如图 5-169 所示。

（2）输入加号"+"，实线边框会代替虚线边框，状态栏里会再次出现"输入"字样，单击单元格 B3，将单元格 B3 地址也添加到公式中，按 Enter 键后将会在单元格 B4 中显示出计算结果，如图 5-170 所示。

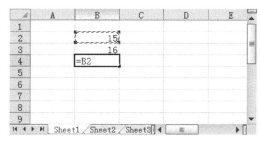

图 5-169 输入公式

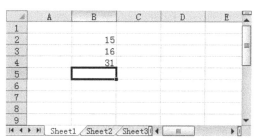

图 5-170 公式计算结果

2．审核和编辑公式

对单元格中的公式，像单元格中的其他数据一样也可以进行修改、复制和移动等编辑操作。

1）修改公式

如果发现输入的公式有错误，可以很容易地进行修改。具体的操作步骤如下。

（1）在表格中输入数据和公式，单击包含要修改公式的单元格 B5，如图 5-171 所示。

（2）在编辑栏中直接对公式进行修改，如将"=SUM（B2：B4)/3"改为"=SUM（B2:B4)"。按 Enter 键完成修改，如图 5-172 所示。

图 5-171　选择单元格 B5

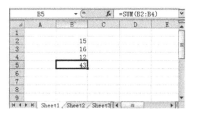
图 5-172　修改公式

2）复制公式

下面举例说明如何复制单元格中的公式，具体的操作步骤如下。

图 5-173　选择单元格 B5

（1）在表格中输入数据和公式，单击包含公式的单元格 B5，如图 5-173 所示。

（2）右击，在弹出的快捷菜单中选择"复制"命令（或选择单元格 B5 后按 Ctrl+C 组合键），在 C5 单元格上右击，在弹出的快捷菜单中选择"选择性粘贴"命令，弹出"选择性粘贴"对话框，选中"公式"单选按钮，如图 5-174 所示。

（3）单击"确定"按钮，C5 中显示 6，这样就把 B5 中的公式复制到 C5 单元格中了，如图 5-175 所示。

图 5-174　"选择性粘贴"对话框

图 5-175　复制公式

3）移动公式

移动单元格中公式的方法和移动其他对象的方法相似。只需要把鼠标指引移动到需要移动公式的单元格边框上，当指针变为形状时按下鼠标左键，然后拖动到目标位置松开即可完成公式的移动操作。

3．显示公式

默认情况下，Excel 2010 在单元格中只显示公式的计算结果，而不显示公式本身。要显示公式，需选择单元格，在编辑栏中可以看到公式。

（1）打开"素材\Excel 2010 工作表、图表与数据处理\小学生月消费.xls"文件。

（2）选择单元格 C3，用户就可以在编辑框中看到 C3 单元格中的公式了，这个公式是"=AVERAGEA(B3:B9)"，它是一个求平均值的函数，如图 5-176 所示。

图 5-176　查看 C3 单元格公式

（3）选择单元格 C4，用户就可以在编辑框中看到 C4 单元格中的公式了，这个公式是"=SUM(B3:B9)/7"，先用 SUM 求和公式计算出结果再除以 7 也可以得到所需结果，如图 5-177 所示。

（4）选择单元格 C5，用户就可以在编辑框中看到 C5 单元格中的公式了，这个公式是"=(B3+B4+B5+B6+B7+B8+B9)/7"，是前面介绍过的通过手动输入方法得到的公式，如图 5-178 所示。

图 5-177　查看 C4 单元格公式　　　　　图 5-178　查看 C5 单元格公式

5.2.4　函数的输入与修改

Excel 2010 中所提到的函数其实是一些预定义的公式，它们使用一些被称为参数的特定数值按特定的顺序或结构进行计算。每个函数描述都包括一个语法行，它是一种特殊的公式，所有的函数必须以等号"="开始，它是预定义的内置公式，必须按语法的特定顺序进行计算。在 Excel 2010 中内置了 12 大类近 400 种函数，用户可以直接调用。

1．函数的组成

在 Excel 2010 中，一个完整的函数式通常由三部分构成，其格式为：

　　标识符　函数名称(函数参数)

1）标识符

在单元格中输入计算函数时，必须先输入一个"="，这个"="称为函数的标识符。如果不输入"="，Excel 2010 通常将输入的函数式作为文本处理，不返回运算结果。

2）函数名称

函数标识符后面的英文是函数名称。大多数函数名称是对应英文单词的缩写。有些函数名称则是由多个英文单词（或缩写）组合而成的，例如，条件求和函数 SUMIF 是由求和 SUM 和条件 IF 组成的。

3）函数参数

函数参数主要有以下几种类型。

（1）常量。常量参数主要包括数值（如 12）、文本（如"办公自动化"）和日期（如 2011-12-12）

等，如图 5-179 所示。

图 5-179　常量参数

（2）逻辑值。逻辑类型数据的值只有真或假两个，所以逻辑值参数包括逻辑真（TRUE）、逻辑假（FALSE）以及必要的逻辑判断表达式（如单元格 A3 不等于空表示为"A3<>()"）的结果等。

（3）单元格引用。单元格引用参数主要包括单个单元格的引用和单元格区域的引用等，其中单元格区域包括连续的区域，也包括不连续的区域。

（4）名称。如果函数引用的数据均在同一个工作表中，函数参数中可以省略工作表名称，但如果函数使用到的单元格数据来自一个工作簿中不同的工作表，则在函数参数中必须加上工作表名称。

（5）其他函数式。用户可以用一个函数式的返回结果作为另一个函数式的参数。对于这种形式的函数式，通常称为"函数嵌套"。

（6）数组参数。数组参数可以是一组常量（如 2、4、6），也可以是单元格区域的引用。

以上这几种参数大多是可以混合使用的，因此许多函数都会有不止一个参数，这时可以用英文状态下的逗号将各个参数隔开。

2．函数的分类

Excel 2010 提供了丰富的内置函数，单击编辑栏左侧的"插入函数"按钮 f_x，会弹出"插入函数"对话框，或者在"公式"选项卡中单击"函数库"选项组中的"插入函数"按钮 f_x，弹出"插入函数"对话框。在"插入函数"对话框中会显示各类函数，如图 5-180 所示。

3．在工作表中输入函数

图 5-180　"插入函数"对话框

在 Excel 2010 中，输入函数的方法有手动输入和使用函数向导输入两种方法。手动输入函数和输入普通的公式一样，在此不再重复说明。使用函数向导输入函数的具体操作步骤如下。

（1）启动 Excel 2010，新建一个空白文档，在单元格区域中输入如图 5-181 所示的内容。

（2）选择 C1 单元格，在"公式"选项卡中单击"函数库"选项组中的"插入函数"按钮 f_x，或者单击编辑栏上的"插入函数"按钮 f_x，弹出"插入函数"对话框。在"或选择类别"下拉列表中选择"常用函数"选项，在"选择函数"列表框中选择"MOD"选项（求余函数）。列表框的下方会出现关于该函数功能的简单提示，如图 5-182 所示。

（3）单击"确定"按钮，弹出"函数参数"对话框，单击"Number"文本框，再单击 A1 单元格，文本框中会显示"A1"，或者直接在"Number"文本框中输入"A1"，然后单击"Divisor"文本框，按照操作"Number"文本框的方法在"Divisor"文本框中输入"B1"，如图 5-183 所示。

（4）单击"确定"按钮，即可计算出单元格 A1 和单元格 B1 中的数值相除后所得的余数，并显示在单元格 C1 中。选择单元格 C1 时，在编辑栏中会显示公式（函数）"=MOD(A1,B1)"，如图 5-184 所示。

电子表格数据处理（Excel 2010） 项目 5

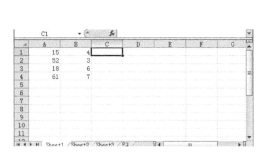

图 5-181 输入内容

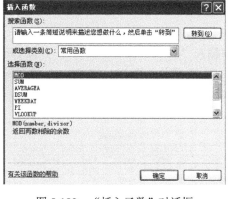

图 5-182 "插入函数"对话框

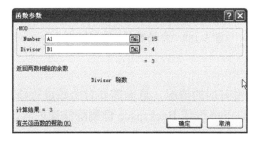

图 5-183 "函数参数"对话框

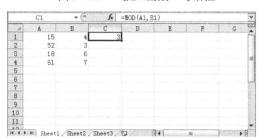

图 5-184 求余数

4．函数的复制

函数的复制通常有两种情况，即相对复制和绝对复制。

1）相对复制

所谓相对复制，就是将单元格中的函数表达式复制到一个新单元格中后，原来函数表达式中相对引用的单元格区域随新单元格的位置变化而做相应的调整。进行相对复制的具体操作步骤如下。

（1）打开"素材\Excel 2010 工作表、图表与数据处理\公司销售额.xlsx"文件，在单元格 F3 中输入"=SUM(B3:E3)"并按 Enter 键，计算"总额"，如图 5-185 所示。

（2）选择单元格 F3，按 Ctrl+C 组合键，选择 F4:F7 单元格区域，按 Ctrl+V 组合键，即可将函数复制到目标单元格，计算出其他公司的"总额"，如图 5-186 所示。

图 5-185 输入公式　　　　　　　　　图 5-186 将函数复制到目标单元格

2）绝对复制

所谓绝对复制，就是将单元格中的函数表达式复制到一个新单元格中后，原来函数表达式中绝对引用的单元格区域不随新单元格的位置变化而做相应的调整。进行绝对复制的具体操作步骤如下。

（1）打开"素材\Excel 2010 工作表、图表与数据处理\公司销售额.xlsx"文件，在单元格 F3 中输入"=SUM($B$3:$E$3)"，并按 Enter 键，如图 5-187 所示。

（2）选择单元格 F3，按 Ctrl+C 组合键，选择 F4:F7 单元格区域，按 Ctrl+V 组合键，即可将函数复制到目标单元格，可以看到函数和计算结果并没有改变，如图 5-188 所示。

图 5-187　输入公式　　　　　　　　　图 5-188　将函数复制到目标单元格

5．函数的修改

在函数使用的过程中，不可避免会出现函数使用有误的情况，这就需要对函数进行修改。函数的修改十分简单，只需选择要修改的函数，按 Delete 键或 Backspace 键删除错误内容，重新输入正确的内容即可。输入内容时，可以在单元格中输入，也可以在编辑栏中输入。当函数的格式或者参数错误比较多时，也可以直接删除整个函数，然后重新输入函数即可。具体的操作步骤如下。

（1）选择函数所在的单元格，单击编辑栏中的"插入函数"按钮 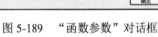，打开"函数参数"对话框，如图 5-189 所示。

（2）单击"Number1"文本框右边的"选择区域"按钮，然后选择正确的参数，如图 5-190 所示。

 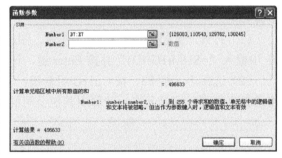

图 5-189　"函数参数"对话框　　　　　　图 5-190　选择参数

任务 5.3　"长沙市宏达建材公司总销售订单表"数据统计

表格的数据统计是日常公司数据汇总工作中非常普遍的操作，我们通过"长沙市宏达建材公司总销售订单表"数据统计的操作应用，学会掌握日常表格数据的统计。

5.3.1 样文展示及分析

1. 典型工作任务要求：

（1）打开素材库中的"宏达建材公司总销售订单表.xls"，新建 7 个新的工作表，并且重命名为"查找替换"、"排序"、"分类汇总"、"合并计算"、"筛选"、"数据透视表"、"图表"，如图 5-191 所示。并且复制总销售订单表中的数据表格到新的工作表中。

	A	B	C	D	E	F
1	长沙市宏达建材公司总销售订单表					
2	订单号	商品名称	订单金额	销售人员	部门	订单日期
3	20040402	钢材	450000	徐哲平	销售1部	2014-1-5
4	20040406	墙面砖	250000	宋晓	销售1部	2014-1-10
5	20040411	PVC塑钢瓦	258000	徐哲平	销售1部	2014-1-15
6	20040415	玻璃棉	320000	宋晓	销售1部	2014-1-17
7	20040418	玻璃棉	489286	徐哲平	销售1部	2014-1-27
8	20040401	大理石砖	500000	宋晓	销售1部	2014-2-5
9	20040407	PVC塑钢瓦	150000	宋晓	销售1部	2014-2-10
10	20040409	玻璃棉	100000	徐哲平	销售1部	2014-2-15
11	20040410	金属瓦	500000	徐哲平	销售1部	2014-2-15
12	20040419	PVC塑钢瓦	482914	徐哲平	销售1部	2014-2-27
13	20040403	钢材	250000	张默	销售2部	2014-1-5
14	20040405	金属瓦	450000	刘思琪	销售2部	2014-1-10
15	20040412	大理石砖	320000	张默	销售2部	2014-1-15
16	20040416	金属瓦	470171	文楚媛	销售2部	2014-2-10
17	20040404	钢材	420000	刘思琪	销售2部	2014-2-10
18	20040413	金属瓦	700000	张默	销售2部	2014-2-17
19	20040408	钢材	950000	文楚媛	销售2部	2014-3-13
20	20040414	墙面砖	670000	张默	销售2部	2014-3-17
21	20040417	玻璃棉	476543	文楚媛	销售2部	2014-3-25

图 5-191 订单表样文

（2）请在"查找替换"工作表中查找"宋晓"的数据，并且全部修改为"宋晓平"。

（3）请在"排序"工作表中按照"部门"的"订单日期"进行排序。

（4）请在"分类汇总"工作表中以"部门"为分类字段，"金额"为求和项进行分类汇总，比较哪个部门创收更高。

（5）请在"合并计算"工作表中通过合并计算比较哪类商品订单金额最高，结果显示从 B24 开始，并且给出排名。

（6）请在"筛选"工作表中通过条件格式将时间在 2014 年 2 月份的日期变红色。请通过"自定义筛选"筛选出销售 2 部在 2014 年 3 月份的数据，请通过高级筛选筛选出钢材材料订单金额大于 500000 元的数据。

（7）请在"数据透视表"工作表中建立数据透视表，要求：部门为分页，商品名称为行，销售人员为列来分析比较销售人员销售了哪些商品，以及各销售订单金额总量情况。

（8）请在"图表"工作表中通过"合并计算"计算出各销售人员的订单总额，并且建立柱形图表，用以直观比较销售人员的销售业绩。

2. 工作任务分析

数据表格的统计与分析应用在工程表格中是非常普遍的任务，需要掌握以下技能。
第一，掌握 Excel 2010 数据区域进行查找替换的操作。
第二，掌握 Excel 2010 数据区域进行排序、分类汇总以及合并计算操作。
第三，通过统计函数对 Excel 2010 数据区域进行筛选以及数据透视表分析操作。
第四，通过函数对数据区域建立简单的图表来直观对比的操作。

5.3.2 Excel 2010 数据管理和分析

1. 数据清单的创建

数据清单是工作表中某一范围内的数据，它是一种以记录为数据管理单位的数据管理模式。在 Excel 2010 中一张工作表只包含一个数据清单。

数据清单中的每一列称为一个字段，每个字段的数据类型必须一致。

数据清单中的第一行称为字段名，如"学号"、"姓名"等。字段名一般用字母或汉字书写。

数据清单中字段名（第一行）以下的各行，每一行称为一个记录。

数据清单的组成如图 5-192 所示。

图 5-192 数据清单的组成

创建数据清单比较简单，常用的方法有两种：一种是作为工作表建立，一般一个工作表放置一份数据清单。另一种方法是先输入数据清单的结构，即标题行（字段名），然后选择标题行下面的一个单元格，最后用"数据"菜单的"记录单"命令进行输入。两种方法中前一种比较简单快捷。

2. 数据清单的管理

(1) 增加、修改和删除记录。

在数据清单中增加、修改和删除记录的方法有两种：一种是直接在工作表中的数据区进行；另一种是通过记录单进行。

通过记录单进行数据清单中的增、删、改记录的步骤如下。

① 在数据清单中选定任一单元格。

② 执行"数据"→"记录单"命令，打开如图 5-193 所示的对话框。

③ 若要增加记录，可以单击"新建"按钮，屏幕上会出现一个新的空白记录项，依次输入各项即可。若要删除记录，可以单击"上一条"或"下一条"按钮找到相应的记录，然后单击"删除"按钮，此时 Excel 2010 会提醒用户确认删除操作。若要修改记录，可以用"上一条"或"下一条"按钮找到相应的记录，然后对其进行修改。

图 5-193 记录单对话框

图 5-194 记录查找对话框

(2) 查找记录。

当数据清单中含有大量记录时，使用浏览的方式查找记录显然不方便，在记录单中提供了按条件查找记录的查找方式。具体的操作如下。

① 单击数据清单中含有数据的任一单元格。

② 执行"数据"→"记录单"命令，弹出如图 5-193 所示的对话框。

③ 单击"条件"按钮，记录单对话框将变成如图 5-194 所示的对话框。

④ 在条件对话框中，输入查找的记录需要满足的条件，例如，在"英语"处输入">80"，则表示要查找英语成绩大于"80"的记录。

单击"上一条"或"下一条"按钮，即可找到符合条件的记录，并显示在记录单对话框中。

5.3.3 数据排序

根据用户的需要，有时需要对数据进行排序。可以使用 Excel 2010 提供的排序功能对数据进行升序或降序排列。

1．按一列排序

按列排序是最常用的排序方法，可以根据某列数据对列表进行升序或者降序排列。例如，要对报刊增订表中的"年价"按由高到低的顺序排序，具体的操作步骤如下。

（1）打开"素材\Excel 2010 工作表、图表与数据处理\成绩表.xlsx"文件，选择数据区域内的任一单元格，如图 5-195 所示。

（2）在"数据"选项卡中单击"排序和筛选"选项组中的"排序"按钮，弹出"排序"对话框，单击"选项"按钮，弹出"排序选项"对话框，选中"按列排序"单选按钮，如图 5-196 所示。

图 5-195　素材文件"成绩表.xlsx"　　　　图 5-196　"排序选项"对话框

（3）单击"确定"按钮，返回"排序"对话框，在"主要关键字"右侧的下拉列表中选择"成绩"选项，如图 5-197 所示。

（4）单击"确定"按钮，返回工作表，可以看到"成绩"列已经按要求排序，如图 5-198 所示。

图 5-197　选择主关键字　　　　　　　　图 5-198　排序结果

2．按多列排序

按多列排序又称为多条件排序，就是依据多列的数据规则对数据表进行排序。例如，要对期中考试成绩表中的"语文"、"数学"、"英语"和"计算机"等成绩从高分到低分排序，具体操作步骤如下。

（1）打开"素材\Excel 2010 工作表、图表与数据处理\月考成绩表.xlsx"文件，选择数据区域内的任意一个单元格。

（2）在"数据"选项卡中单击"排序和筛选"选项组中的"排序"按钮，弹出"排序"对话框，如图 5-199 所示。

（3）在"主要关键字"下拉列表、"排序依据"下拉列表和"次序"下拉列表中，分别进行如图 5-200 所示的设置。

（4）全部设置完成，单击"确定"按钮即可。

图 5-199　"排序"对话框

图 5-200　设置关键字

5.3.4　数据的分类汇总

1．基本概念

分类汇总就是将经过排序后已经具有一定规律的数据进行汇总，生成各种类型的汇总报表。进行分类汇总前，首先要对数据清单按照要汇总的关键字段进行排序，以使同类型的记录集中在一起。因此，执行分类汇总前必须先将数据排序，排序关键字作为分类字段。

汇总方式有计数、求和、求平均值、最大值、最小值等。

2．操作过程

例如，在"学生公共选修课成绩表"工作表中，计算各门课程的平均分。

（1）若按"课程"统计数据，应先按"成绩"字段排序。

（2）选定数据清单内的任意单元格，选择"数据"下拉菜单中的"分类汇总"命令，打开"分类汇总"对话框，如图 5-201 所示。

（3）在"分类汇总"对话框中的参数说明如下。

① 在"分类字段"列表框中选择"课程"。

② 在"汇总方式"列表框中选择"平均值"。

③ 在"选定汇总项"列表框中选择需要汇总的字段，本例选择"分数"。

④ 选中"替换当前分类汇总"复选框，则只显示最新的汇总结果。

⑤ 选中"每组数据分页"复选框，则在每类数据后插入分页符。

图 5-201　"分类汇总"对话框

⑥ 选中"汇总结果显示在数据下方"复选框，则分类汇总结果和总汇总结果显示在数据的下方，取消该复选框则显示在上方。

⑦ 单击"确定"按钮，完成汇总。

3．删除分类汇总

选择"数据"下拉菜单中的"分类汇总"命令，打开"分类汇总"对话框，单击"全部删除"按钮。

5.3.5 数据的合并计算

下面就以汇总这两个分公司的销售报表示例来说明这一操作过程。如图 5-202 所示，在本例中我们将对工作簿"济南.xls"、"南京.xls"进行合并操作，其结果保存在工作簿"总公司.xls"中，执行步骤如下。

（1）为合并计算的数据选定目的区。单击"数据"选项卡中的"合并计算"按钮，出现一个"合并计算"对话框。在"函数"列表框中，选定用来合并计算数据的汇总函数。求和（SUM）函数是默认的函数。

图 5-202　范例表格

（2）在"引用位置"文本框中，输入希望进行合并计算的源区域的定义，或者单击"浏览"按钮，在弹出的对话框中选择该工作簿文件，在工作表中选定源区域。

对要进行合并计算的所有源区域重复上述步骤。

如果源区域顶行有分类标记，则选定在"标签位置"下的"首行"复选框。如果源区域左列有分类标记，则选定"标签位置"下的"最左列"复选框。在一次合并计算中，可以选定两个选择框。在本例中选择"最左列"选项，如图 5-203 所示。

单击"确定"按钮，就可以看到合并计算的结果，如图 5-204 所示。

图 5-203　合并计算界面　　　　　　　　图 5-204　合并计算结果

此外，还可以利用链接功能来实现表格的自动更新。也就是说，如果希望当源数据改变时，Microsoft Excel 2010 会自动更新合并计算表。要实现该功能的操作是，在"合并计算"对话框中选中"创建至源数据的链接"复选框，选中后在其前面的方框中会出现一个"√"符号。这样，当每次更新源数据时，就不必要再执行一次"合并计算"命令。还应注意的是：当源和目标区域在同一张工作表时，是不能够建立链接的。

5.3.6 条件格式的使用

条件格式是指如果选定的单元格满足了特定的条件,那么 Excel 2010 将底纹、字体和颜色等格式应用到该单元格中。一般是在需要突出显示公式的计算结果或者要监视单元格的值时应用条件格式。Excel 2010 中的条件格式功能可以根据单元格内容有选择地自动应用格式,它为 Excel 2010 增色不少的同时,也为我们带来很多方便。

例如,为了能让学生成绩表中不同阶段的成绩一目了然,可通过条件格式设置低于 60 分的成绩用红色倾斜字体显示,介于 80~90 之间的成绩用蓝色显示。具体操作步骤如下。

(1)选定要设置条件格式的单元格区域。

(2)执行"格式"→"条件格式"命令,弹出"条件格式"对话框,在"条件 1"选项区的两个下拉列表框中分别选择"单元格数值"和"介于"选项,在后面的两个文本框中分别输入"80"和"90",如图 5-205 所示。

(3)单击"格式"按钮,在弹出的"单元格格式"对话框中选择"颜色"调色板中的蓝色。

(4)单击"确定"按钮,返回"条件格式"对话框后,单击"添加"按钮,展开"条件 2"选项组。

(5)在"条件 2"选项组的两个下拉列表框中分别选择"单元格数值"和"小于"选项,在后面的文本框中输入"60",如图 5-206 所示。

图 5-205 "条件格式"对话框

图 5-206 添加条件

(6)单击"条件 2"中的"格式"按钮,在弹出的"单元格格式"对话框中选择"字形"列表框中的"倾斜"选项,同时在"颜色"调色板选中红色。

> **提示**
> "条件"下拉列表框中的"单元格数值"选项可对含有数值或其他内容的单元格应用条件格式;"公式"选项可对含有公式的单元格应用条件格式,但指定公式的求值结果必须能够判断真假。同时,输入公式时,必须在公式前加"="号。

若要取消已经存在的条件格式,则只要执行"格式"→"条件格式"命令,在弹出的"条件格式"对话框中单击"删除"按钮,在弹出的"删除条件格式"对话框中选择要删除的条件选项后单击"确定"按钮即可。

> **注意**
> 复制和删除格式。
> 前面我们给单元格设置了很多种格式,如字的大小、字体、边框和底纹、数字格式等,这些都是可以复制或删除的。

> 选中要复制格式的单元格，单击工具栏上的"格式刷"按钮，然后在要复制到的单元格上单击，鼠标指针变成✥形状时，就可以把格式复制过来了。
>
> 选中要删除格式的单元格，执行"编辑"→"清除"→"格式"命令，选中的单元格就变成了默认格式了。

5.3.7 数据的筛选

在 Excel 2010 中提供了数据筛选功能，可以在工作表中只显示符合特定筛选条件的某些数据行，不满足筛选条件的数据行将自动隐藏，这些操作就是数据的筛选。筛选分为自动筛选和高级筛选。

1. 自动筛选

自动筛选提供了快速访问数据列表的管理功能。进行自动筛选，可以选择使用单条件和多条件两种筛选方式。

（1）单条件筛选。所谓单条件筛选，就是将符合一种条件的数据筛选出来。例如，在班级成绩表中，要将 110 和 113 班的学生筛选出来。具体的操作步骤如下。

① 打开"素材\Excel 2010 工作表、图表与数据处理\单条件筛选数据.xlsx"文件，选择数据区域内的任一单元格，如图 5-207 所示。

② 在"数据"选项卡中单击"排序和筛选"选项组中的"筛选"按钮，进入"自动筛选"状态，此时在标题行每列的右侧会出现一个下拉按钮，如图 5-208 所示。

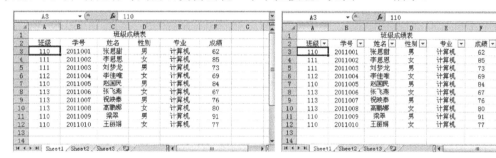

图 5-207　打开素材文件　　　　　　　　图 5-208　"自动筛选"状态

③ 单击"班级"列右侧的下拉按钮，在弹出的下拉列表中撤选"全选"复选框，选择"110"和"113"复选框，然后单击"确定"按钮即可。经过筛选的数据清单仅显示了 110 和 113 班学生的成绩，其他记录则被隐藏起来，如图 5-209 所示。

（2）多条件筛选。多条件筛选就是将符合多个条件的数据筛选出来。例如，要将班级成绩表中"数学"成绩大于或等于 70 分的学生筛选出来，具体的操作步骤如下。

① 打开"素材\Excel 2010 工作表、图表与数据处理\多条件筛选数据.xlsx"文件。

② 在"数据"选项卡中单击"排序和筛选"选项组中的"筛选"按钮，进入"自动筛选"状态，此时在标题行每列的右侧会出现一个下拉按钮。单击"数学"列右侧的下拉按钮，在弹出的下拉列表中选择"数字筛选"菜单，会弹出一个选择列表，在其中选择"大于或等于"选项，如图 5-210 所示。

图 5-209　筛选结果　　　　　　　　　　图 5-210　"自动筛选"状态

③ 弹出"自定义自动筛选方式"对话框,在文本框中输入"70",如图 5-211 所示。

④ 单击"确定"按钮,即可完成数据的筛选,筛选后的结果如图 5-212 所示。

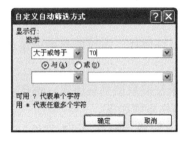

图 5-211　"自定义自动筛选方式"对话框　　　图 5-212　多条件筛选结果

2. 高级筛选

如果要对字段设置多个复杂的筛选条件,可以使用 Excel 2010 提供的高级筛选功能。例如,要将"班级"为"11 表演"的学生筛选出来,具体的操作步骤如下。

（1）打开"素材\Excel 2010 工作表、图表与数据处理\校成绩汇总表.xlsx"文件,如图 5-213 所示。

（2）在 J2 单元格中输入"班级",在 J3 单元格中输入公式"= " =11 表演 " ",如图 5-214 所示,按 Enter 键。

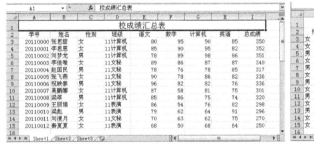

图 5-213　打开素材文件　　　　　　　　图 5-214　输入公式

（3）在"数据"选项卡中单击"排序和筛选"选项组中的"高级"按钮,弹出"高级筛选"对话框,如图 5-215 所示。

（4）分别单击"列表区域"和"条件区域"文本框右侧的 按钮,设置列表区域和条件区域,如图 5-216 所示。

电子表格数据处理（Excel 2010） 项目 5

图 5-215　"高级筛选"对话框　　　图 5-216　设置列表区域和条件区域

（5）设置完毕，单击"确定"按钮，即可筛选出符合条件区域的数据，如图 5-217 所示。

图 5-217　筛选数据

> **提示**
> 在"高级筛选"对话框中选中"将筛选结果复制到其他位置"单选按钮，"复制到"输入框则呈高亮显示，然后选择单元格区域，筛选的结果将复制到所选的单元格区域中。

5.3.8　数据透视表

1．基本概念

分类汇总只能按一个字段分类，在"存款单"工作表中，如果需统计各银行不同期限的存款笔数和存款总额，并且进一步分类，则可采用数据透视表。

2．数据透视图的创建

（1）单击"数据"选项卡中的"数据透视表和透视报告"按钮，打开"数据透视表和数据透视图向导-3 步骤之 1"对话框，如图 5-218 所示。

（2）单击"下一步"按钮，打开"数据透视表和数据透视图向导-3 步骤之 2"对话框，如图 5-219 所示。

图 5-218　向导步骤 1　　　　　　图 5-219　向导步骤 2

（3）选定区域后，单击"下一步"按钮，打开"数据透视表和数据透视图向导-3 步骤之 3"对话框，如图 5-220 所示。

（4）选择数据透视表的显示位置，并且安排透视表布局。单击"布局"按钮，打开"数据透视表和数据透视图向导-布局"对话框，如图 5-221 所示。

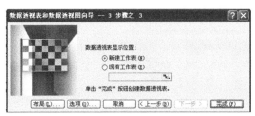
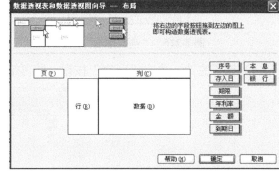

图 5-220　向导步骤 3　　　　图 5-221　"数据透视表和数据透视图向导-布局"对话框

（5）对话框的右侧显示了数据清单中的字段，用鼠标左键将右侧字段拖入到左侧相应区域中。"数据"区中的字段，系统默认为求和，双击该字段，打开"数据透视表字段"对话框，如图 5-222 所示。

（6）在"汇总方式"列表框中选择汇总方式，单击"确定"按钮，完成操作。

3．表的修改

数据透视表的修改可以借助"数据透视表"工具栏来完成。单击"视图"选项卡中的"数据透视表"按钮，可调出"数据透视表"工具栏，如图 5-223 所示。

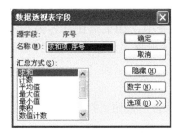

图 5-222　"数据透视表字段"对话框　　　图 5-223　"数据透视表"工具栏

5.3.9　常用图表的应用

在 Excel 2010 中可以创建柱形图、折线图、饼形图、条形图等 11 种图表类型。下面详细介绍几种常见图表的创建方法。

1．柱形图表

柱形图表把每个数据显示为一个垂直柱体，高度与数值相对应，值的刻度显示在垂直轴线的左侧。创建柱形图表时可以设定多个数据系列，每个数据系列以不同的颜色表示。创建一个柱形图表的具体操作步骤如下。

（1）打开"素材\Excel 2010 工作表、图表与数据处理\农作物产量增长表.xlsx"文件，选择 A2:C6 单元格区域，如图 5-224 所示。

（2）单击"插入"选项卡中的"图表"选项组中的"柱形图"按钮，在弹出的下拉菜单中选择任意一种柱形图类型，在当前工作表中创建一个柱形图表，如图 5-225 所示。

图 5-224　选择 A2:C6 单元格区域

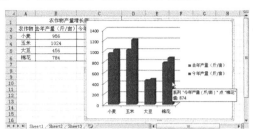

图 5-225　创建图表

（3）单击"布局"选项卡中的"标签"选项组中的"图表标题"按钮，在弹出的下拉菜单中选择"图表上方"命令，即可在图表的上方插入一个标题，单击"图表标题"，将其重命名为"农作物产量增长表"，如图 5-226 所示。

（4）单击"布局"选项卡中的"标签"选项组中的"数据标签"按钮，在下拉菜单中选择"无"之外的任一选项即可显示数据标签。如果需要改变数据标签的位置，只需要按住鼠标左键拖动数据标签到合适的位置，松开鼠标左键即可，如图 5-227 所示。

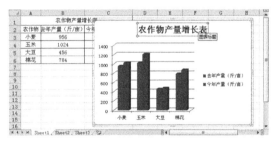

图 5-226　添加图表标题

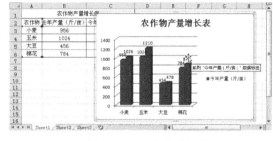

图 5-227　添加数据标签

2. 折线图表

折线图表通常用来描绘连续的数据，对于标识数据趋势很有用。折线图表的分类轴显示相等的间隔。以折线图表描绘食品销量波动情况的具体操作步骤如下。

（1）打开"素材\Excel 2010 工作表、图表与数据处理\某城市肉类消费表.xlsx 文件，并选择 A2:D8 单元格区域，如图 5-228 所示。

（2）单击"插入"选项卡中的"图表"选项组中的"折线图"按钮，在弹出的下拉菜单中选择"带数据标记的折线图"，如图 5-229 所示。

图 5-228　择 A2:D8 单元格区域

图 5-229　选择折线图表

(3) 在当前工作表中创建一个折线图表, 如图 5-230 所示。

(4) 在"布局"选项卡中单击"标签"选项组中的"图表标题"按钮, 在弹出的下拉菜单中选择"图表上方"命令, 然后将标题命名为"城市肉类消费表", 如图 5-231 所示。

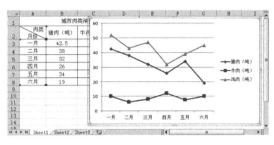

图 5-230　创建折线图　　　　　　　　　图 5-231　添加图标标题

3. 饼形图表

饼形图表是把一个圆面划分为若干个扇形面, 用每个扇形面来对应表示数据值。饼形图表适合用于显示数据系列中每一个项占该系列总值的百分比。下面用饼形图表来描绘某个公司中的员工学历的比例, 具体的操作步骤如下。

图 5-232　选择 A1:B7 单元格区域

(1) 打开"素材\Excel 2010 工作表、图表与数据处理\某公司员工学历表.xlsx"文件, 并选择 A1:B7 单元格区域, 如图 5-232 所示。

(2) 在"插入"选项卡中单击"图表"选项组中的"饼图"按钮, 在弹出的下拉菜单中选择"分离性三维饼图", 如图 5-233 所示。

(3) 在当前工作表中创建一个三维饼形图表, 如图 5-234 所示。

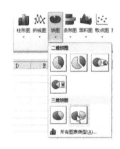 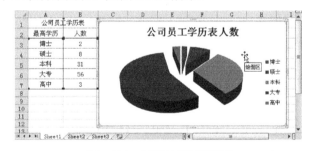

图 5-233　选择饼图样式　　　　　　　　图 5-234　创建三维形饼图表

4. 条形图表

条形图表类似于柱形图表, 可以把条形图表看成是柱形图表旋转后的变形图表。条形图表主要强调各个数据项之间的差别情况。和柱形图表相比较, 条形图表的标签更适合于人们的使用习惯, 有利于阅读。以条形图表来描绘销售业绩的具体操作步骤如下。

(1) 打开"素材\Excel 2010 工作表、图表与数据处理\电视机销售表.xlsx"文件, 并选择 A2:F7 单元格区域, 如图 5-235 所示。

（2）在"插入"选项卡中单击"图表"选项组中的"条形图"按钮，在弹出的下拉菜单中选择任意一种条形图的类型，这里选择"三维簇状条形图"，即可在当前工作表中创建一个条形图表，如图 5-236 所示。

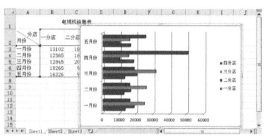

图 5-235　选择 A2:F7 单元格区域　　　　　图 5-236　创建条形图表

5．面积图表

面积图表与折线图表有些类似，均是用线段把一系列的数据连接起来，只是面积图表将每条连线以下区域用颜色填充，以便用面积来表示数据的变化。面积图表可以说明部分与整体的关系，也适合用于预测数据走势。

（1）打开"素材\Excel 2010 工作表、图表与数据处理\月销售额.also"文件，并选择数据区域的任一单元格。

（2）在"插入"选项卡中单击"图表"选项组中的"面积图"按钮，在弹出的下拉菜单中选择任意一种面积图的类型，这里选择"二维面积图"中的第一个样例，如图 5-237 所示。

（3）在当前工作表中创建一个面积图表，如图 5-238 所示。

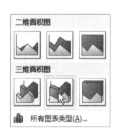
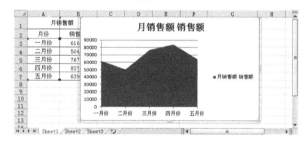

图 5-237　选择面积图表种类　　　　　　　图 5-238　插入面积图表

任务 5.4　拓展练习与综合实训

5.4.1　实训练习

练习 1：请打开"基本输入.jpg"图片，请在 Excel 2010 中输入如图 5-239 所示的表格。

练习 2：请打开素材文件"投标台时汇总表.xls"，如图 5-240 所示，请按照以下要求来完成表格的计算。

① 请计算"一类费用"的小计为：折旧费+维修费+安拆费。

② 请求"二类费用"的各金额，人工金额为：数量×7.22；电的金额为：数量×0.82；柴油金额为：数量×6.55；汽油金额为：数量×7.06；风的金额为：数量×0.22。水的金额为：数量

×0.68。

班级 / 时间	星期一				星期二				星期三				星期四				星期五			
	1-2	3-4	5-6	7-8	1-2	3-4	5-6	7-8	1-2	3-4	5-6	7-8	1-2	3-4	5-6	7-8	1-2	3-4	5-6	7-8
北大青鸟1班（39人）	XML基础 黄平	XML基础 黄平	项目实战	项目实战	WinForm高级应用开发 李涛	WinForm高级应用开发 李涛	Java Web应用开发 陈清	Java Web应用开发 陈清	WinForm高级应用开发 李涛	项目实战	项目实战	项目实战	项目实战	项目实战	Java Web应用开发 陈清	Java Web应用开发 陈清	项目实战	项目实战	项目实战	项目实战
北大青鸟2班（39人）	WinForm高级应用开发 李涛	WinForm高级应用开发 李涛	项目实战	项目实战	XML基础 黄平	XML基础 黄平	项目实战	项目实战	项目实战	WinForm高级应用开发 李涛	Java Web应用开发 陈清	Java Web应用开发 陈清	项目实战	项目实战	项目实战	项目实战	项目实战	项目实战	Java Web应用开发 陈清	Java Web应用开发 陈清

北大青鸟特色班2006-2007学年下学期06级课程表（第9-18周）

班级 / 时间	星期一				星期二				星期三				星期四				星期五			
	1-2	3-4	5-6	7-8	1-2	3-4	5-6	7-8	1-2	3-4	5-6	7-8	1-2	3-4	5-6	7-8	1-2	3-4	5-6	7-8
北大青鸟1班（39人）	asp.net & Web Service 黄平	asp.net & Web Service 黄平	项目实战	项目实战	Oracle数据库应用 李涛	Oracle数据库应用 李涛	项目实战	项目实战	Oracle数据库应用 李涛	项目实战	项目实战	项目实战	项目实战	项目实战	Linux平台及应用 李明生	Linux平台及应用 李明生	项目实战	项目实战	项目实战	项目实战
北大青鸟2班（39人）	Oracle数据库应用 李涛	Oracle数据库应用 李涛	项目实战	项目实战	asp.net & Web Service 黄平	asp.net & Web Service 黄平	项目实战	项目实战	项目实战	Oracle数据库应用 李涛	项目实战	项目实战	项目实战	项目实战	项目实战	项目实战	项目实战	项目实战	Linux平台及应用 李明生	Linux平台及应用 李明生

图 5-239 数据表格基本输入

（十三）、投标人自备施工机械台时（班）费汇总表

合同编号：HN2010SKCX-03

工程名称：湖南省衡阳市衡南县2010年小型病险水库除险加固工程施工第三标段团结水库

序号	机械名称	型号规格	一类费用				二类费用													合计（元/台时）
			折旧费	维修费	安拆费	小计	人工 7.22		电（kwh） 0.82		柴油（kg） 6.55		汽油(kg) 7.06		风（m^3） 0.20		水（m^3） 0.68		小计（元）	
							数量	金额	数量	金额	数量	金额	数量	金额	数量	金额	数量	金额		
1	搅拌机0.4m^3		3.29	5.34	1.07	9.70	1.3	9.39	8.6	7.05									16.44	26.14
2	插入式振动器2.2		0.54	1.86		2.40			1.7	1.39			0.8						1.39	3.79
3	平板式振动器2.2		0.43	1.24		1.67			1.7	1.39									1.39	3.06
4	风砂(水)枪		0.24	0.42		0.66									202.5	40.50	4	2.72	43.22	43.88
5	59kw推土机		10.80	13.02	0.49	24.31	2.4	17.33			8.4	55.02	1.2						72.35	96.66
6	蛙式打夯机2.8		0.17	1.01		1.18	2	14.44	2.5	2.05									16.49	17.67
7	挖掘机油动1m^3		28.77	29.63	2.42	60.82	2.7	19.49			14.2	93.01							112.50	173.32
8	载重汽车5t		7.77	10.86		18.63	1.3	9.39			7.2	47.16							56.55	75.18
9	自卸汽车5t		10.73	5.37		16.10	1.3	9.39			9.1	59.61	1.5						68.99	85.09
10	自卸汽车8t		22.59	13.55		36.14	1.3	9.39			10.2	66.81							76.20	112.34
11	轮胎碾9-16t		13.51	15.76		29.27														29.27
12	拖拉机74kW		9.65	11.38	0.54	21.57	2.4	17.33			9.9	64.85	2						82.17	103.74
13	74kw推土机		19.00	22.81	0.86	42.67	2.4	17.33			10.6	69.43							86.76	129.43
14	刨毛机		8.36	10.87	0.39	19.62	2.4	17.33			7.4	48.47	2.3						65.80	85.42
15	双胶轮车		0.26	0.64		0.90														0.90
16	钢筋调直机14k		1.60	2.69	0.44	4.73	1.3	9.39	7.2	5.90									15.29	20.02

投　　标　　人：湖南宏禹水利水电岩土工程有限公司

法定代表人或委托代理人：　　　　（签名）

造价工程师及注册证号：　　　　（签字盖执业专用章）

日　　　　期：　　2010年10月31日

图 5-240 投标台式汇总表

③ 请计算“二类费用”的小计为：人工金额+电的金额+柴油金额+汽油金额+风的金额+水的金额。

④ 请计算合计列：“一类费用”小计+“二类费用”小计。

练习 3：打开工作簿“Excel 2010_销售表 2-4.xls”，如图 5-241 所示，对工作表“销售总表”进行以下操作。

（1）利用函数填入折扣数据：所有单价为 1000 元（含 1000 元）以上的折扣为 5%，其余折扣为 3%。

（2）利用公式计算各行折扣后的销售金额（销售金额=单价×(1−折扣)×数量）。

（3）在 H212 单元格中，利用函数计算所有产品的销售总金额。

（4）请在销售记录条数后面的单元格通过统计函数统计张默销售记录的条数。

（5）请通过条件格式将时间为 2009 年 2 月份的日期文字颜色变为红色。

（6）请在 E215、G215、I215 单元格通过日期函数分别输入系统当前日期的年、月、日。

	A	B	C	D	E	F	G	H	I	J	K	L
1	序号	类别	品名	型号	单价	折扣	数量	销售金额	销售代表	销售日期		
2	1	畅想系列	网络产品	ISDN8	850		2		宋晓	2009/2/2		
3	10	办公耗材	复印纸	A3	25		4		徐哲平	2009/3/2		
4	100	畅想系列	网络产品	SCSI9	250		2		张默	2009/2/18		
5	101	畅想系列	X系列笔记	X410L	9688		2		刘思琪	2009/3/18		
6	102	畅想系列	家用电脑	S203A	6999		1		刘思琪	2009/4/18		
7	103	畅想系列	亿全服务器	RPA	15800		1		宋晓	2009/5/18		
8	104	办公设备	大明投影仪	E7	2950		1		宋晓	2009/2/18		
9	105	畅想系列	打印机	QA59	2840		1		文楚媛	2009/6/18		
10	106	办公耗材	硒鼓	WQ7115	430		3		徐哲平	2009/8/18		
11	107	畅想系列	数码产品	KYT55	358		2		徐哲平	2009/2/18		
12	108	办公耗材	传真纸	NWZ	8		1		徐哲平	2009/5/18		
13	109	办公设备	四星复印机	AD168	10900		1		张默	2009/2/18		
14	11	办公设备	四星复印机	TO163	5800		2		张默	2009/3/3		
15	110	办公设备	大明扫描仪	9950F	3080		1		张默	2009/4/18		
16	111	畅想系列	家用电脑	T640E	8790		1		宋晓	2009/2/18		
17	112	畅想系列	打印机	LQ	2910		6		文楚媛	2009/2/18		
18	113	办公设备	四星复印机	TE165	7600		1		文楚媛	2009/2/18		
19	114	畅想系列	T系列笔记	T100C	6999		2		徐哲平	2009/3/18		
20	115	办公设备	大明投影仪	E8	3380		1		徐哲平	2009/4/18		
21	116	办公耗材	硒鼓	PY4149	580		2		徐哲平	2009/5/18		
22	117	畅想系列	移动存储	1G	110		1		徐哲平	2009/2/18		
23	118	办公耗材	传真纸	XGP	5		1		徐哲平	2009/6/18		
24	119	办公设备	大明扫描仪	A688	420		1		张默	2009/8/18		
25	12	办公设备	大明扫描仪	A780	530		6		张默	2009/3/4		
26	120	畅想系列	移动存储	512M	73		1		宋晓	2009/2/18		
27	121	畅想系列	打印机	C2260	4999		3		文楚媛	2009/5/18		
28	122	办公设备	四星复印机	TE163	6900		2		徐哲平	2009/2/18		
29	123	办公设备	优特电脑考	GY10	750		1		徐哲平	2009/4/18		
30	124	办公耗材	传真纸	YH	4		6		徐哲平	2009/2/18		
31	125	畅想系列	商用电脑	M310C	4399		3		张默	2009/2/18		
32	126	畅想系列	T系列笔记	T290E	7500		1		张默	2009/2/18		
33	127	畅想系列	多功能一体	HP4308	1220		2		张默	2009/3/18		
34	128	畅想系列	商用电脑	D204A	4900		6		刘思琪	2009/4/18		
35	129	畅想系列	T系列笔记	T350G	9999		2		刘思琪	2009/5/18		
36	13	畅想系列	打印机	K3	1350		2		张默	2009/3/5		
37	130	畅想系列	打印机	QA75	5740		2		宋晓	2009/2/18		
38	131	畅想系列	多功能一体	CX4700	540		2		宋晓	2009/6/18		
39	132	办公设备	冬普传真机	PT	380		2		徐哲平	2009/8/18		
40	133	办公耗材	打印纸	A4	18		2		徐哲平	2009/8/18		

图 5-241　办公销售表

（7）建立一个数据透视表，要求如下：

① 透视表位置：新工作表中。

② 页字段：销售日期。

③ 列字段：销售代表。

④ 行字段：类别、品名。

⑤ 数据项：金额（求和项）。

效果如图 5-242 所示。

	A	B	C	D	E	F	G	H
1	销售日期	(全部)						
2								
3	求和项:金额		销售代表					
4	类别	品名	刘思琪	宋晓	文楚媛	徐哲平	张默	总计
5	办公耗材	传真纸				78		78
6		打印纸				108		108
7		复印纸			216	200		416
8		光面彩色激光相纸				213		213
9		墨盒				980		980
10		碳粉				680	246	926
11		投影胶片				56		56
12		硒鼓				5920	358	6278
13	办公耗材 汇总				216	8235	604	9055
14	办公设备	大明扫描仪		1400			19720	21120
15		大明投影仪		5900		6760	3980	16640
16		冬普传真机			3780	6956		10736
17		四星复印机			15200	27600	56600	99400
18		优特电脑考勤机			6600	9000		15600
19	办公设备 汇总			7300	25580	50316	80300	163496
20	畅想系列	T系列笔记本	59994	53994		27996	107990	249974
21		X系列笔记本	61102	29400			72247	162749
22		打印机		45690	70594		12294	128578
23		多功能一体机		3240	7900		11930	23070
24		家用电脑	13998	28480			10980	53458
25		商用电脑	110240	23800		43092	258172	435304
26		数码产品		960	350	20152		21462
27		网络产品		8450			4998	13448
28		移动存储		146	1380	220	1080	2826
29		亿全服务器	74320	46600			151200	272120
30	畅想系列 汇总		319654	240760	80224	91460	630891	1362989
31	总计		319654	248060	106020	150011	711795	1535540

图 5-442　数据透视表

图 5-243 客户关系表

完成以上操作后,将该工作簿以"Excel_销售表 3-2_jg.xls"为文件名保存在 E 盘下。

练习 4:打开名为"Excel 2010_客户表 1-7.xls"的工作簿,利用电子表格软件完成以下操作。

① 用函数求出所有客户的"称呼 1"。
② 用函数求出所有客户的"姓氏"。
③ 用函数求出所有客户的"称呼 2"。

完成以上操作后,将该工作簿以"Excel_客户表 1-7_jg.xls"为文件名保存在 E 盘下。

效果如图 5-243 所示。

练习 5:利用电子表格软件完成以下操作,并保存文件。
① 在打开名为"Excel 2010_运动会 1-10.xls"的工作簿。
② 用函数求出"选手得分表"中各选手总得分。
③ 分男女组,用函数求出"选手得分表"中各选手的名次。

完成以上操作后,将该工作簿以"Excel 2010_运动会 1-10_jg.xls"为文件名保存在 E 盘下。

练习 6:在打开工作簿"Excel 2010_销售表 2-1.xls",对工作表"销售表"进行以下操作。
① 计算出各行中的"金额"(金额=单价×数量)。
② 按"销售代表"进行升序排序。
③ 利用分类汇总,求出各销售代表的销售总金额(分类字段为"销售代表",汇总方式为"求和",汇总项为"金额",汇总结果显示在数据下方)。

完成以上操作后,将该工作簿以"Excel 2010_销售表 2-1_jg.xls"为文件名保存在 E 盘。

练习 7:打开工作簿"Excel 2010_销售汇总表 3-3.xls",在当前表中建立数据的图表,要求如下。
① 图表类型:簇状柱形图。
② 系列产生在"行"。
③ 图表标题:红日信息公司。
④ 分类(X)轴:门店。
⑤ 数值(Y)轴:销售额。

完成以上操作后,将该工作簿保存在 E 盘下,文件名为"第一销售汇总表.xls"。

效果如图 5-244 所示。

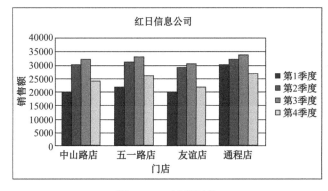

图 5-244 门店图表

练习 8：打开工作簿"Excel_销售表 2-3.xls"，进行以下操作。
① 多表计算：在"销售总表"中利用函数直接计算三位销售代表的销售总金额。
② 在"销售总表"中利用函数计算总销售金额。
③ 在"销售总表"中，对"销售代表总金额"列中的所有数据设置成"使用千分位分隔符"，并保留 1 位小数。
完成以上操作后，将该工作簿保存在 E 盘下，文件名为"第八销售表.xls"。
练习 9：打开学生成绩表.xls，如图 5-245 所示。

图 5-245　成绩表

要求：
① 请在 Excel 2010 中制作如图 5-245 所示的表格，表格要求至少 20 个数据。
② 第一行要求合并居中，第二行表头要求制作斜线表头，表格要求有外粗内细的边框。
③ 请插入批注。
④ 请通过函数求出总分、平均分、名次。
⑤ 请通过函数判断合格，以及奖学金，奖学金为：570 以上的为 5000 元，560 分以上的为 3000 元，550 分以上的为 1000 元，否则为无奖学金。
⑥ 请在最后一列加一列加分：请通过 if 函数来加分：第一名加 10 分，前五名加 5 分，倒数五名扣 5 分，中间不给分。
⑦ 请通过条件格式来给中间分数颜色：130 分以上的为红色，65 分以下的为蓝色。

5.4.2　综合实训一：对某小流域地类分类表进行数据管理与分析

▶ **任务与问题**

通过学习，我们掌握了 Excel 2010 中数据管理和分析的相关操作，接下来让我们通过实践案例来运用所学的知识吧。

▶ **分析与讨论**

Excel 2010 中可以实现诸如排序、筛选、分类汇总、合并计算、创建数据透视表等数据管理和分析的操作，下面通过实践工作中遇到的案例来看看究竟需要哪些操作呢？

▶ 实例说明

这里有一张某小流域部分地类分类表如表 5-1 所示。

表 5-1 某小流域部分地类分类表

序　号	面积（公顷）	地类码	地　类	权属名称	乡镇名称
A022	2411.36	81	荒草地	岩头村	盈口乡
A001	6526.33	11	水田	凤坪村	盈口乡
A015	16050.62	32	灌木林地	方石坪村	盈口乡
A017	15263.41	52	非生产用地	板坡村	盈口乡
A002	251807.78	11	水田	白岩村	盈口乡
A011	2187.21	31	林地	新家庄村	盈口乡
A018	1217.68	74	水域	潭口村	盈口乡
A003	3099.00	11	水田	新垦村	盈口乡
A007	2263.15	14	旱地	炉天冲村	盈口乡
A004	1149.74	11	水田	朱溪村	盈口乡
A010	39600.68	21	果园	团结村	盈口乡
A016	9192.75	32	灌木林地	禾塘村	杨村乡
A005	30948.90	11	水田	水垄村	杨村乡
A006	3067.79	11	水田	趴坡村	杨村乡
A012	8212.46	31	林地	新街村	石门乡
A019	1099.49	74	水域	塘底村	石门乡
A023	636.09	51A	非生产用地	犁头园村	石门乡
A020	2946.35	74	水域	岩添村	石门乡
A013	6720.55	31	林地	大桥村	石门乡
A021	1734.41	74	水域	双村村	石门乡
A014	2199.04	31	林地	山下村	石门乡
A008	1615.30	15	旱地	清水井村	石门乡
A009	6183.09	15	旱地	板山村	石门乡

表 5-1 为初始的调研数据表，要对它进行数据管理和分析，需要先对该表做一个基本的数据处理或数据整理的操作，整个操作过程如下。

▶ 操作步骤

（1）以"乡镇名称"为主要关键字，"地类"为主次要关键字，对该表进行升序排列。

（2）对该表进行自动数据筛选，在"乡镇名称"列设置分别只显示"石门乡"、"杨村乡"及"盈口乡"数据。

（3）按如图 5-246 所示汇总选项，对该表格（按各乡镇名称）分别进行分类汇总。汇总结果分别如图 5-247～图 5-249 所示。

图 5-246　汇总选项

图 5-247　石门乡各类土地面积数据汇总结果

图 5-248　杨村乡各类土地面积数据汇总结果

图 5-249　盈口乡各类土地面积数据汇总结果

（4）将以上汇总数据稍加整理，可以得到如图 5-250 所示数据表，根据此数据表创建一个三维簇状柱形图以直观了解各乡镇各地类分布情况，如图 5-251 所示。

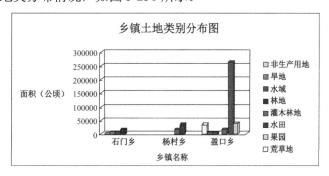

	石门乡	杨村乡	盈口乡
非生产用地	636.09		15263.41
旱地	7798.39		2263.15
水域	5780.25		1217.68
林地	17132.05		2187.21
灌木林地		9192.75	16050.62
水田		34016.69	262582.9
果园			39600.68
荒草地			2411.36

图 5-250　各乡各类土地面积表

图 5-251　乡镇土地类别分布图

（5）再将数据表归整后可得如图 5-252 所示数据表，以"地类"为行，"乡镇名称"为列，数据区为"求和项：面积（公顷）"，制作一张数据透视表，用以分析和比较各乡镇分布的各类土地面积情况，如图 5-253 所示。

地类	乡镇名称	面积
非生产用地	石门乡	636.09
非生产用地	盈口乡	15263.41
旱地	盈口乡	2263.15
旱地	石门乡	7798.39
水域	盈口乡	1217.68
水域	石门乡	5780.25
林地	盈口乡	2187.21
林地	石门乡	17132.05
灌木林地	盈口乡	16050.62
灌木林地	杨村乡	9192.75
水田	盈口乡	262582.9
水田	杨村乡	34016.69
果园	盈口乡	39600.68
荒草地	盈口乡	2411.36

图 5-252　各地类面积乡镇分布表

求和项:面积	乡镇名称			
地类	石门乡	杨村乡	盈口乡	总计
非生产用地	636.09		15263.41	15899.5
灌木林地		9192.75	16050.62	25243.37
果园			39600.68	39600.68
旱地	7798.39		2263.15	10061.54
荒草地			2411.36	2411.36
林地	17132.05		2187.21	19319.26
水田		34016.69	262582.85	296599.54
水域	5780.25		1217.68	6997.93
总计	31346.78	43209.44	341576.96	416133.18

图 5-253　各地类面积乡镇分布情况

5.4.3　综合实训二：商品进价售价明细表计算与统计

各商品进价售价明细表如表 5-2 所示。

表 5-2　各商品进价售价明细表

商 品 名 称	单　位	进　价	售　价
水晶	颗	1000	1350
红宝石	颗	2000	2400
蓝宝石	颗	2850	3200
钻石	颗	3000	3680
珍珠	粒	2500	2800

员工销售记录表与员工创收效益排名表分别如图 5-254 与图 5-255 所示。

员工销售记录表

销售日期	员工编号	职员姓名	商品名称	销售量	单位	进价	售价	销售额	毛利润	毛利率	基本工资	提成工资	总工资
2005/2/1	ID050103	林啸序	水晶	2									
2005/2/1	ID050107	刘笔畅	红宝石	5									
2005/2/1	ID050104	萧遥	水晶	1									
2005/2/2	ID050108	曹惠阳	蓝宝石	4									
2005/2/2	ID050101	高天	钻石	3									
2005/2/3	ID050103	林啸序	红宝石	3									
2005/2/3	ID050106	蔡清	珍珠	2									
2005/2/4	ID050106	蔡清	珍珠	3									
2005/2/4	ID050101	高天	蓝宝石	5									
2005/2/5	ID050111	陈晓晓	蓝宝石	1									
2005/2/6	ID050108	曹惠阳	水晶	2									
2005/2/6	ID050110	李木子	珍珠	4									
2005/2/6	ID050107	刘笔畅	水晶	4									
2005/2/7	ID050111	陈晓晓	珍珠	3									
2005/2/7	ID050112	安飞	红宝石	3									
2005/2/8	ID050104	萧遥	红宝石	2									
2005/2/8	ID050112	安飞	蓝宝石	1									
2005/2/9	ID050110	李木子	水晶	5									

图 5-254　员工销售记录表

员工创收效益排名表

员工姓名	总收益	排名
安飞		
蔡清		
曹惠阳		
陈晓晓		
高天		
李木子		
林啸序		
刘笔畅		
萧遥		

图 5-255　员工创收效益排名表

完成如下操作:

(1) 请在 Excel 2010 中输入如表 5-2 所示的各商品进价售价明细表和如图 5-254 所示的员工销售记录表以及如图 5-255 所示的员工创收效益排名表。

(2) 请通过 vlookup 函数来从各商品进价售价明细表中来填充员工销售记录表的"单位"、"进价"和"售价"列。

(3) 请通过公式来计算销售额(销售量*售价)、毛利润(销售量×(售价-进价))、毛利率(毛利润/销售额)。

(4) 请通过 if 函数来计算基本工资(员工编号 50105 号以前的基本工资为 1200 元,否则 800 元),请计算提成工资(为销售额的 5%),总工资。

(5) 设置单元格格式:单位、进价、售价、销售额、毛利润、基本工资、提成工资、总工资为货币类型,毛利率为百分比类型,所有数据统一都保留两位小数点。

(6) 设置边框:请给员工销售记录表设置为外粗内细边框。设置员工销售记录表第一行底纹为浅红色。

(7) 请依据员工销售记录表,在员工创收效益排名表中统计员工姓名、总收益(毛利润之和),并且通过排名函数将排名结果从 C3 单元格开始放置。

(8) 请以员工创收效益比较表为图表名称,以员工姓名为行、以总收益为列建立簇状柱形图,用以直观比较谁给公司创造的效益最高。图表效果如图 5-256 所示。

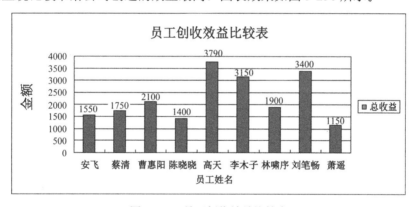

图 5-256 员工创收效益比较表

(9) 创建数据透视表分析总的员工商品销售情况(各日期、各员工、各种商品销售额),最终效果如图 5-257 所示。

	A	B	C	D	E	F	G
1	销售日期	(全部)					
2							
3	求和项:销售额	商品名称					
4	职员姓名	红宝石	蓝宝石	水晶	珍珠	钻石	总计
5	安飞	7200	3200				10400
6	蔡清				16000		16000
7	曹惠阳		12800	6400			19200
8	陈晓晓		3200		9600		12800
9	高天		16000			11040	27040
10	李木子			16000	12800		28800
11	林啸序	7200		6400			13600
12	刘笔畅	12000		12800			24800
13	萧遥	4800		3200			8000
14	总计	31200	35200	44800	38400	11040	160640

图 5-257 各员工商品销售情况分析表

项目 6

演示文稿制作（PowerPoint 2010）

本项目学习演示文稿制作软件 PowerPoint 2010，使用 PowerPoint 2010 可以将文本、图片、声音和动画制作成幻灯片播放出来，在办公会议及产品展示中都有极其广泛的应用价值。能够完成演示文稿的软件有很多，本项目将以 Office 2010 中的组件 PowerPoint 2010 为例进行介绍。

知识目标

- 熟悉 PowerPoint 2010 的工作界面。
- 理解 PowerPoint 2010 中的常用术语。
- 掌握 PowerPoint 2010 的基本操作方法。
- 掌握 PowerPoint 2010 中制作和编辑演示文稿的基本流程。
- 熟练掌握演示文稿的格式化排版、母版设置、动画设计、超链接等技术。
- 熟练掌握演示文稿的放映。

能力目标

学会 PowerPoint 2010 的简单使用，能够使用它制作简单的演示文稿。通过项目案例，进一步了解完整演示文稿的制作过程，并掌握创建、修饰、设计和放映演示文稿的方法。

工作场景

毕业设计、论文答辩演示文稿的制作。
日常工作中各类会议名称、议程等展示。
产品推介、项目行销等商业领域应用。

任务 6.1　PowerPoint 2010 的工作界面

PowerPoint 2010 是微软公司出品的 Office 2010 办公软件系列重要组件之一。使用 Microsoft PowerPoint 2010，可以使用更多的方式创建动态演示文稿。

PowerPoint 2010 的工作界面由快速访问工具栏、标题栏、"文件"选项卡、功能选项卡和功能区、"大纲/幻灯片"窗口、"幻灯片编辑"窗口、状态栏和视图栏等部分组成，如图 6-1 所示。

1．快速访问工具栏

快速访问工具栏位于标题栏左侧，它包含了一些 PowerPoint 2010 最常用的工具按钮，如"保存"按钮、"撤销"按钮和"恢复"按钮等。

单击快速访问栏右侧的下拉按钮，在弹出的菜单中可以自定义快速访问栏中的命令，如图 6-2 所示。

 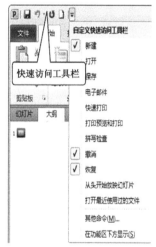

图 6-1　PowerPoint 2010 工作界面　　　　图 6-2　快速访问工具栏

2．标题栏

标题栏位于快速访问工具栏的右侧，主要显示正在使用的文档名称、程序名称及窗口控制按钮等，如图 6-3 所示。

图 6-3　标题栏

3．"文件"选项卡

PowerPoint 2010 中的"文件"选项卡取代了 PowerPoint 2007 中的"Office"按钮，如图 6-4 所示。单击"文件"选项卡后，会显示一些基本命令，包括"保存"、"另存为"、"打开"、"新建"、"打印"、"选项"及一些其他命令。

图 6-4 "文件"选项卡

4. 功能选项卡和功能区

功能选项卡和功能区位于快速访问工具栏的下方,单击其中的一个功能选项卡,可打开相应的功能区。功能区由工具选项组组成,用来存放常用的命令按钮或列表框等。除了"文件"选项卡,还包括了"开始"、"插入"、"设计"、"切换"、"动画"、"幻灯片放映"、"审阅"、"视图"和"加载项"9 个选项卡,如图 6-5 所示。

图 6-5 功能选项卡和功能区

5. "大纲/幻灯片"窗口

"大纲/幻灯片"窗口位于"幻灯片编辑"窗口的左侧,用于显示当前演示文稿的幻灯片数量及位置,包括"大纲"和"幻灯片"两个选项卡,单击选项卡的名称可以在不同的选项卡之间切换。

如果仅希望在编辑窗口中观看当前幻灯片,可以将"大纲/幻灯片"窗口暂时关闭。在编辑中,通常需要将"大纲/幻灯片"窗口显示出来。单击"视图"选项卡中的"演示文稿视图"选项组中的"普通视图"按钮,即可恢复"大纲/幻灯片"窗口,如图 6-6 所示。

6. "幻灯片编辑"窗口

"幻灯片编辑"窗口位于工作界面的中间,用于显示和编辑当前的幻灯片,如图 6-7 所示。

7. 状态栏

状态栏位于当前窗口的最下方,用于显示当前文档页、总页数、字数和输入法状态等,如图 6-8 所示。

演示文稿制作（PowerPoint 2010） 项目 6

8. 视图栏

视图栏包括视图按钮组、显示比例和调节页面显示比例的控制杆。单击视图按钮组的按钮，可以在各种视图之间进行切换，如图 6-9 所示。

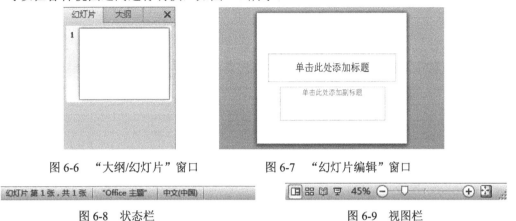

图 6-6 "大纲/幻灯片"窗口　　图 6-7 "幻灯片编辑"窗口

图 6-8 状态栏　　图 6-9 视图栏

任务 6.2　会议议程展示文稿的制作

任务描述

本任务通过案例学习演示文稿的编辑，掌握在幻灯片中的插入文本、图片、数据表格等对象的操作。

6.2.1　样文展示

案例：某公司为信息技术研讨会制作了一份会议简报，内容包括会议首页、演讲主题会会议议程等，最终效果如图 6-10 所示。

图 6-10　样文展示

215

6.2.2 创建演示文稿

方法与步骤如下。

（1）启动 PowerPoint 2010。

（2）制作会议简报首页。

① 在"文件"功能区选择"新建"选项，在"新建演示文稿"任务窗格中选择"空白演示文稿"；在"设计"功能区的"主题"选项组中选择"凸显"主题，如图 6-11 所示。

图 6-11　创建新文稿并选择"凸显"主题

② 单击幻灯片窗格的"单击此处添加标题"占位符，该占位符被闪烁的光标代替，表示可以输入标题文字。

③ 输入主标题"信息存储技术 2012 论坛活动"。

④ 用同样的方法输入副标题"创新会展有限公司"。

⑤ 用鼠标选中主标题文字，在"开始"功能区的"字体"选项组中单击右边的向下箭头，弹出"字体"对话框，如图 6-12 所示。设置主标题文字的字形为"加粗"。

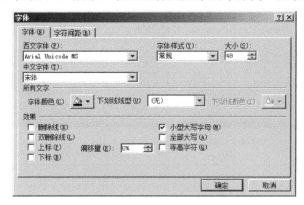

图 6-12　"字体"对话框

(3) 保存会议简报。

① 单击快速访问工具栏中的 按钮，弹出"另存为"对话框，操作方法与 Word 2010 类似。

② 单击"保存位置"下拉列表框，选择保存路径（如 D:\user），在"文件名"文本框中输入"W5-2.pptx"，如图 6-13 所示，单击"保存"按钮。

图 6-13 "另存为"对话框

6.2.3 编辑图文资料

制作会议简报的演讲主题：

（1）单击"开始"选项卡中的"新建幻灯片"按钮，插入第 2 张幻灯片。

（2）新幻灯片自动套用"标题与文本"的默认版式，输入"演讲主题"内容，设置文字颜色为"靛蓝"，如图 6-14 所示。

图 6-14 "演讲主题"幻灯片

6.2.4 插入表格

制作会议简报的会议议程：

（1）单击"开始"选项卡中的"新建幻灯片"按钮，插入第 3 张幻灯片。新幻灯片的版式与前面的完全一样。

（2）在"标题"占位符中输入标题文字"会议议程"。

（3）在"内容"占位符中单击"表格"按钮。

图 6-15 "插入表格"对话框

（4）在"插入表格"对话框的"列数"文本框中输入"2"，"行数"文本框中输入"6"，制作一个 2 列 6 行的表格，如图 6-15 所示。单击"确定"按钮。

（5）输入表格中的内容。与 Word 2010 表格操作相同，单击第一个单元格，输入"9：00-9：30"，依次完成表格中的全部内容。

（6）调整表格的行宽和列高：与 Word 2010 表格操作相似，把鼠标放到行或列的边线上，当鼠标光标变为一个双箭头时，按住鼠标不放，向某个方向拖动后放开即可。

会议议程最终效果如图 6-16 所示。

图 6-16 会议议程最终效果

任务小结

通过本任务的操作和学习，掌握了创建演示文稿；应用设计主题；向幻灯片中添加和编辑文本；在幻灯片中插入表格等基本操作技巧。

演示文稿制作（PowerPoint 2010）　项目 6

任务 6.3　"计算机硬件的组成"演示文稿制作

任务描述

本任务通过案例学习演示文稿的编辑，制作一份计算机硬件组成介绍演示文稿，通过文字、图片、动画等形式展示计算机硬件组成结构，并通过超链接功能实现一定的交互功能。

6.3.1　样文展示

案例：计算机硬件的组成.pptx，最终效果如图 6-17 所示。

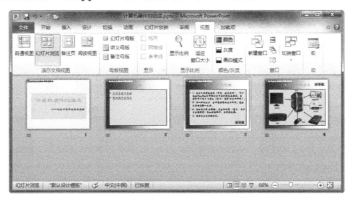

图 6-17　"计算机硬件的组成"效果展示

下面就来学习该任务案例的设置方法和操作步骤吧。

在进行后续设置之前，首先创建一个新演示文稿，启动 PowerPoint 2010，在"文件"功能区选择"新建"选项，在"新建演示文稿"任务窗格中选择"空白演示文稿"，单击 按钮，输入文件名为"计算机硬件的组成.pptx"，如图 6-18 所示。

图 6-18　创建新演示文稿并保存

219

6.3.2 幻灯片母版编辑

使用幻灯片母版，可以为幻灯片添加标题、文本、背景图片、颜色主题、动画，修改页眉/页脚等，快速制作出属于自己的幻灯片。可以将母版的背景设置为纯色、渐变或图片等效果，在母版中的设置更改后，会自动应用于所有的幻灯片。

具体操作步骤如下。

1. 标题幻灯片背景设置

单击"视图"选项卡中的"幻灯片母版"按钮，选择标题幻灯片并右击，在弹出菜单中选择"设置背景格式"选项，弹出"设置背景格式"对话框，如图 6-19 所示。

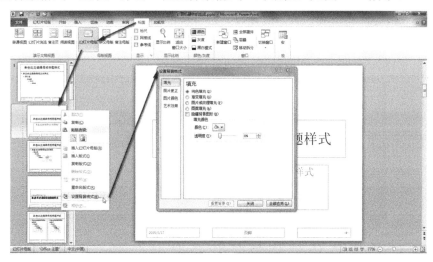

图 6-19 设置背景格式

选择"图片和纹理填充"，在"纹理"样式中选定"羊皮纸"，单击"关闭"按钮即可，如图 6-20 所示。接下来设置背景板，单击"插入"选项卡中的"形状"选项组中的"矩形"按钮，绘制大小合适矩形，填充"水绿色"，阴影设置 45°，并将矩形设置为"置于底层"，效果如图 6-21 所示。

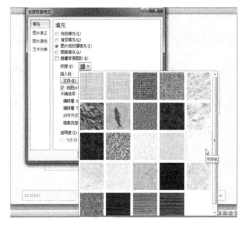 

图 6-20 背景设置　　　　　　　图 6-21 背景板效果

加入 logo，插入图片"素材\logo.png"，调整合适大小后置于幻灯片左上角，插入文本框并输入文字"湖南水利水电职业技术学院"，字体"华文楷体"，字号"22 号"，字体颜色"靛蓝"，调整文本框大小和位置后与图片"logo.png"组合，最终 logo 效果如图 6-22 所示。

图 6-22　logo 效果

2. 幻灯片母版背景设置

在母版编辑界面，选择"幻灯片母版"，设置其背景格式为蓝白两色渐变填充，设置选项如图 6-23 所示，并依照标题幻灯片背景设置中相似步骤设置背景板，并复制标题幻灯片背景中 logo（将文字颜色改为白色），幻灯片母版背景最终效果如图 6-24 所示。

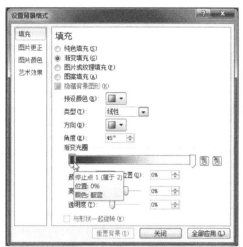
图 6-23　渐变填充设置

图 6-24　幻灯片母版背景最终效果

6.3.3　微机硬件组成幻灯片制作

1. 图片素材和箭头形状

插入素材文件夹中所有微机组件图片，将所有图片删除背景（"图片工具"→"删除背景"，如图 6-25 所示）并调整图片大小和位置如图 6-26 所示。

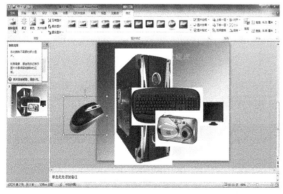
图 6-25　删除图片背景效果

图 6-26　图片设置及位置排放

为各个微机组件图片配上一个文本框，输入微机组件名称，并将其与相应图片分别组合，如图 6-27 所示，方便下一步动画设置。

插入 6 个箭头形状，设置其颜色为"红色"，粗细为"六磅"，调整长度、位置及方向（由各个组件指向机箱）后，将所有箭头图形组合，效果如图 6-28 所示。

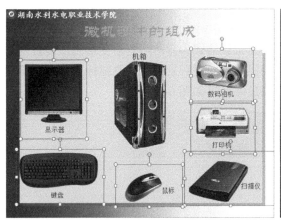 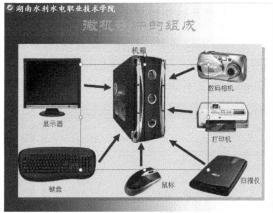

图 6-27 加上组件名称效果　　　　　　　　　图 6-28 箭头组合效果

2．动画设置

首先选定幻灯片的标题文字，单击"动画"选项卡，设置动画效果为"陀螺旋"，开始时间设置为"与上一动画同时"，持续时间为"1.00 秒"，如图 6-29 所示；"机箱"对象设置动画效果为"淡出"，持续时间为"2.5 秒"；其余组件对象的动画效果都设置为"切入"，其中"显示器"设置动画效果选项为"自左侧"，如图 6-30 所示，"键盘"、"鼠标""扫描仪"等对象设置动画效果选项为"自底部"，"打印机"、"数码相机"的动画效果选项设置为"自右侧"，以上所有"切入"动画的持续时间都设置为"0.75 秒"；最后为"箭头"组合对象设置动画效果为"形状"。在动画窗格中，将所有组合对象动画同时选定，统一设置动画开始时间为"上一动画之后"，如图 6-31 所示。

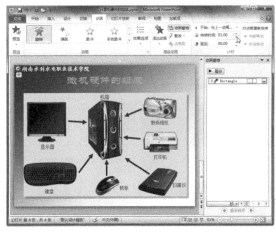 

图 6-29 设置标题动画　　　　　　　　　图 6-30 设置"显示器"切入动画

演示文稿制作（PowerPoint 2010）　项目 6

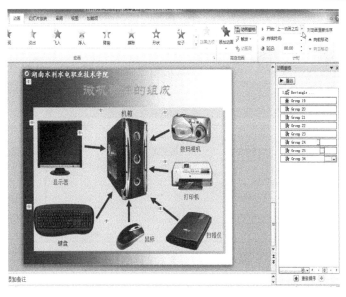

图 6-31　设置多个动画开始时间

6.3.4　超链接设置与动作按钮

1. 超链接设置

在"目录"幻灯片中下方文本框内输入目录内容。选定文字"幻灯片制作流程"并右击，在弹出菜单中选择"超链接"选项，如图 6-32 所示，在弹出的"插入超链接"对话框中，选择链接到"本文档中的位置"，然后选定幻灯片"3. 幻灯片制作流程"，单击"确定"按钮即可，如图 6-33 所示。后面文字"微机硬件的组成"超链接依照上述步骤设置。

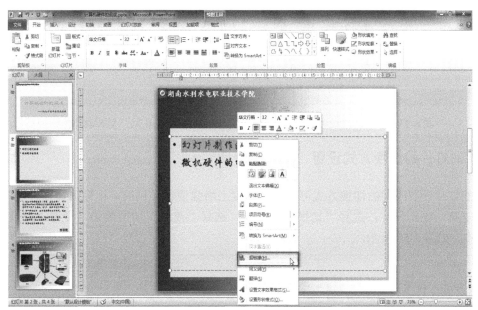

图 6-32　设置超链接

2. 动作按钮

在第三张幻灯片的右下角插入一矩形，添加文字"回导航"，字体为"时尚中黑简体"字号为"32"，文字颜色为"靛蓝"；设置矩形填充颜色为"水绿色"；设置其阴影样式"右下斜偏移"，距离为"6磅"。

图 6-33　链接到本文档幻灯片

然后单击"插入"选项卡中的"链接"选项组内的"动作"按钮，在弹出的"动作设置"对话框中选中"超链接到"单选按钮，并在下拉列表中选择"2 目录"，单击"确定"按钮即可完成动作按钮的设置，如图 6-34 所示。

最后将"回导航"按钮复制到第四张幻灯片的右上角合适位置，如图 6-35 所示。

　　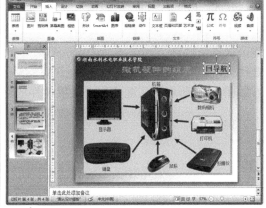

图 6-34　按钮动作设置　　　　　　　　　图 6-35　复制动作按钮

6.3.5　幻灯片的切换方式设置

为幻灯片设置不同的切换方式可在一定程度上增强演示文稿的可视性。操作方法如下：

选定第一张幻灯片，选择"切换"选项卡，选择"淡出"切换效果，设置"持续时间"为 1.5 秒，如图 6-36 所示。

> **提示**
>
> 背景音乐设置，选择"声音"下拉列表中的其他声音，选择"素材\那英.wav"，选中"播放下一段声音之前一直循环"。
>
> 其余几张幻灯片的切换效果依照前述步骤依次分别设置为"形状"、"门"、"推进"。至此，整个演示文稿就制作完成了。

演示文稿制作（PowerPoint 2010）   项目 6

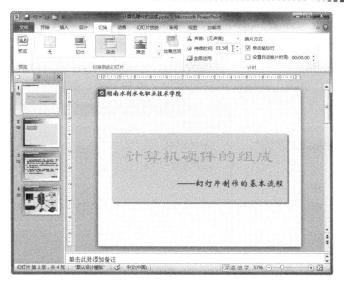

图 6-36　幻灯片切换方式设置

6.3.6　演示文稿的放映

无论是对外项目行销，还是公司内部举行会议，作为一名演示文稿的制作者，在公共场合演示时需要掌握好演示的时间，为此需要测定幻灯片放映时的停留时间。用户可以根据实际需要，设置幻灯片的放映方法，如普通手动放映、自动放映、自定义放映和排练计时放映等。

1．普通手动放映

默认情况下，幻灯片的放映方式为普通手动放映。所以，一般来说普通手动放映是不需要设置的，直接放映幻灯片即可。单击"幻灯片放映"选项卡中的"开始放映幻灯片"选项组中的"从头开始"按钮（图 6-37），系统开始播放幻灯片，滑动鼠标或者按 Enter 键切换动画及幻灯片。

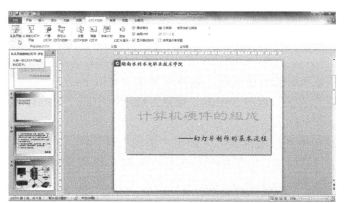

图 6-37　"从头开始"按钮

2．自定义放映

利用 PowerPoint 2010 的"自定义幻灯片放映"功能，可以自定义设置幻灯片，放映部分幻灯片等。

单击"幻灯片放映"选项卡中的"开始放映幻灯片"选项组中的"自定义幻灯片放映"按钮,在弹出的下拉菜单中选择"自定义放映"命令,弹出"自定义放映"对话框,如图 6-38 所示,单击"新建"按钮,弹出"定义自定义放映"对话框,选择需要放映的幻灯片,单击"添加"按钮,然后单击"确定"按钮即可创建自定义放映列表,如图 6-39 所示。

图 6-38 "自定义放映"对话框   图 6-39 "定义自定义放映"对话框

3．设置放映方式

通过使用"设置幻灯片放映"功能,用户可以自定义放映类型、设置自定义幻灯片、换片方式和笔触颜色等选项。

图 6-40 所示为"设置放映方式"对话框,对话框中各个选项区域的含义如下。

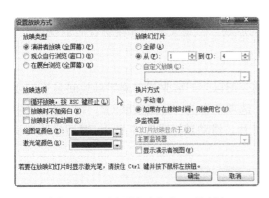

"放映类型":用于设置放映的操作对象,包括演讲者放映、观众自行浏览和在展台浏览。

"放映选项":用于设置是否循环放映、旁白和动画的添加,以及设置笔触的颜色。

"放映幻灯片":用于设置具体播放的幻灯片,默认情况下选择"全部"播放。

"换片方式":用于设置换片方式,包括手动换片和自动换片两种换片方式。

4．使用排练计时

在公共场合演示时需要掌握好演示的时间,为此需要测定幻灯片放映时的停留时间,具体的操作步骤如下。

图 6-40 "设置放映方式"对话框

(1) 单击"幻灯片放映"选项卡中的"设置"选项组中的"排练计时"按钮,如图 6-41 所示。

(2) 系统会自动切换到放映模式,并弹出"录制"对话框。在"录制"对话框中会自动计算出当前幻灯片的排练时间,时间的单位为秒,如图 6-42 所示。

图 6-41 "排练计时"按钮   图 6-42 "录制"对话框

（3）排练完成，系统会弹出"Microsoft PowerPoint"对话框，显示当前幻灯片放映的总时间。单击"是"按钮，即可完成幻灯片的排练计时，如图 6-43 所示。

图 6-43　"Microsoft PowerPoint"对话框

任务小结

通过学习本任务案例的制作，初步掌握了幻灯片母版的设置；图片的插入、编辑和排版；动画设计；超链接的设置；演示文稿放映等演示文稿操作技巧。

任务 6.4　制作公司宣传片

在越来越激烈的市场竞争中，公司宣传企业品牌和树立企业形象已是不可或缺的部分，在推广活动中，我们往往可以通过制作和演示一个精美的公司宣传片演示文稿来让客户更全面和直观地了解自己公司的情况。一个好的公司宣传片，不能仅靠呆板枯燥的文字说明，而应该通过多运用 PowerPoint 2010 提供的图示、图表功能、动画设置来达到图文并茂、生动美观、引人入胜的效果。

6.4.1　样文展示

本例将通过制作一份"浪海广告公司宣传片"来讲述利用 PowerPoint 2010 来制作宣传幻灯片的方法。通过本例，我们将学习在 PowerPoint 2010 中插入各类对象并进行编辑、设置背景、页眉和页脚等的方法。"浪海广告公司宣传片"的效果如图 6-44 所示。

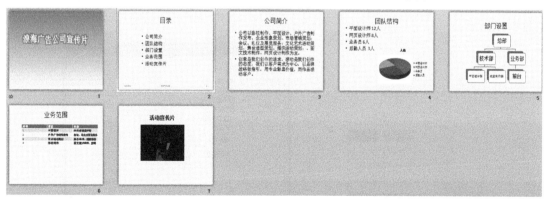

图 6-44　"浪海广告公司宣传片"的效果图

6.4.2　插入艺术字

方法与步骤如下。

（1）启动 PowerPoint 2010，新建一空白演示文稿。

（2）单击"插入"选项卡中的"艺术字"按钮，选择艺术字样式后会出现"请在此放置您的文字"提示框。

（3）单击提示框输入文字"浪海广告公司宣传片"，并对艺术字进行颜色、轮廓和效果的设置，如图6-45所示。

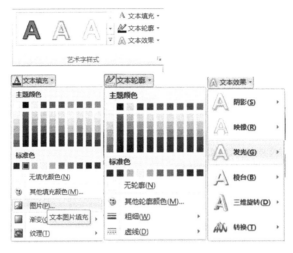

图6-45　艺术字设置

6.4.3　设置幻灯片背景

幻灯片的背景设置也是改变幻灯片外观的方法之一，具体操作方法如下。

（1）单击"设计"选项卡中的"背景样式"按钮，在展开的样式面板中单击某种样式，则所有幻灯片都会应用该背景样式，若希望只有部分幻灯片采用该样式，如第一张幻灯片采用"样式2"，则把鼠标停留在"样式2"上单击鼠标右键，在弹出的快捷菜单中选择"应用于所选幻灯片"选项即可，如图6-46所示。

（2）若对样式不满意，可单击"背景设置格式"按钮，会弹出"背景设置格式"对话框，如图6-47所示。

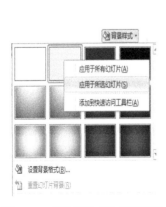

图6-46　"背景样式"快捷菜单　　　　图6-47　"设置背景格式"对话框

演示文稿制作（PowerPoint 2010）　　项目 6

（3）在对话框中进行背景的不同效果的填充设置，例如第一张幻灯片要改用"雨后初晴"填充效果，则在对话框中选择"渐变填充"，单击"预设颜色"后的向下箭头，在展开的面板中选择"雨后初晴"，如图 6-48 所示。直接单击"关闭"按钮时，样式应用于选定的幻灯片，单击"全部应用"按钮后再关闭，则样式应用于所有幻灯片。

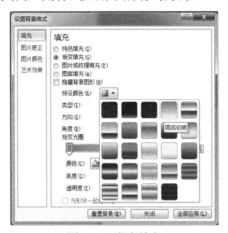

图 6-48　渐变填充

6.4.4　插入组织结构图

在对公司的机构设置的介绍时，用组织结构图最能让人一目了然。

例如，要在第五张幻灯片中用组织结构图表示部门设置，则具体的操作方法如下。

选中第五张幻灯片缩略图，单击"插入"选项卡中的"SmartArt"按钮，在弹出的"选择 SmartArt 图形"对话框中选中"层次结构"，如图 6-49 所示。

在幻灯片中填写相应内容，效果如图 6-50 所示。选取结构图中的文本可进行格式设置。

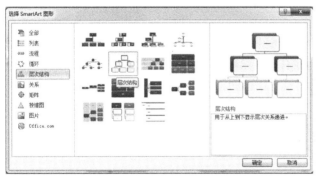 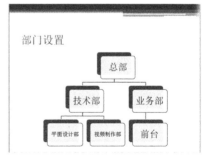

图 6-49　选择 SmartArt 图形对话框　　　　图 6-50　层次结构效果

> 🔊 注意
> 　　默认情况下，层次结构给出的层数和每层文本框数不多，若实际应用中不够，可进行层数或每层文本框数的添加，操作方法是：选中某文本框并右击，在弹出的快捷菜单中选择"添加形状"选项，根据需要进行选择即可。

接下来在第六张幻灯片中插入一业务范围表格。

具体操作方法是如下。

229

选中第六张幻灯片缩略图,单击"插入"选项卡中的"表格"按钮或选中幻灯片中的"插入表格"选项,在弹出的"插入表格"对话框中填写列数和行数值,如 3 列 5 行,单击"确定"按钮完成表格的插入。

输入文字完成后,效果如图 6-51 所示。

图 6-51 业务范围表格

6.4.5 插入数据图表

例如,要在第四张幻灯片中插入一个体现团队人数的"三维饼图",具体操作方法如下。

(1)选中第四张幻灯片缩略图,单击"插入"选项卡中的"图表"按钮,在弹出的对话框中选择图表的类型,如"饼图"→"三维饼图",如图 6-52 所示。

(2)单击"确定"按钮,在弹出的 Excel 2010 工作表内输入数据后,幻灯片上出现相应的图表,如图 6-53 所示。

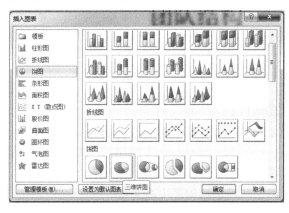

图 6-52 "插入图表"对话框

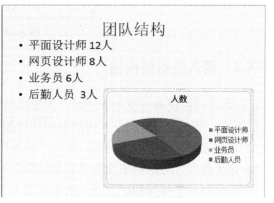

图 6-53 业务范围表格

(3)设置图表格式,美化图表。若对默认图表格式不满意,可选中图表某部分,单击鼠标右键,在快捷菜单中选择修改项,例如右击"绘图区",在弹出的快捷菜单中选择"设置绘图区格式",如图 6-54 所示,在弹出的"设置绘图区格式"对话框中可进行填充、边框颜色、边框样式等的设置。

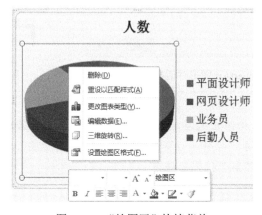

图 6-54 "绘图区"快捷菜单

6.4.6 添加页眉页脚

（1）单击"插入"选项卡中的"页眉和页脚"按钮，弹出"页眉和页脚"对话框，选中"页脚"复选框，在文本框内输入文字，如"浪海广告公司"，如图 6-55 所示。

（2）在"页眉和页脚"对话框中选中"日期和时间"、"幻灯片编号"复选框，单击"应用"按钮时仅在选定幻灯片有效，单击"全部应用"按钮则本演示文稿所有幻灯片有效。

至此，浪海广告公司宣传片.pptx 就制作完成了。

图 6-55 "页眉和页脚"对话框

项目综合实训

汽车公司宣传片的制作

大众汽车公司文员小刘工作职责之一是要为公司准备各类材料和制作幻灯片，小刘决定选用现在流行的 PowerPoint 2010 来制作一份公司宣传片，演示文稿中需要插入文本、图片、艺术字等对象，并要对幻灯片进行背景、页眉和页脚、动画效果、动作按钮等的设置。具体要求如下。

（1）新建演示文稿，并添加两张幻灯片，第一张为标题幻灯片，第二张为只有标题幻灯片，所有幻灯片设置背景为：单色，白色，底纹样式为水平。

（2）第一张幻灯片主标题中添加文字为：
"汽车模型展示"（艺术字，样式自定，72 号），自定义动画：进入方式为"水平百叶窗"。
副标题"2009 年"[华文行楷，红色（**注意**：请用自定义标签中的红色 255，绿色 0，蓝色 0），32 号]，自定义动画：进入方式为"飞入"（单击时，自底部，非常快）。

（3）在第一张幻灯片中的"幻灯片切换"中设置声音为：pp17.wav，要求循环放映，直到下一声音开始时。

（4）在第二张幻灯片中添加标题"汽车模型"[华文行楷，红色（注意：请用自定义标签中的红色 255，绿色 0，蓝色 0），44 号]。

（5）在第二张幻灯片中插入 2 行 2 列的表格，调整合适的表格大小，分别插入四个汽车模型的图片到表格中（图片自行搜集）。

（6）在第二张幻灯片中插入动作按钮并做链接，返回到第一张幻灯片。

（7）全部幻灯片显示可更新日期和时间、幻灯片编号，设置页脚为"大众汽车公司"。

项目总结

通过本项目的学习，我们基本掌握了在 PowerPoint 2010 中创建演示文稿；对幻灯片的格式设置包括应用设计模板与母版的设置、配色方案与背景的更改、幻灯片版式设计；建立超级链接与动作按钮；添加艺术字、插入表格、图表、组织结构图、音视频，设置页眉和页脚；以及演示文稿的播放演示等操作技巧和方法。

项目 7

Office 组件间的综合应用

知识目标

- 了解 Word 2010 与 Excel 2010 之间的协作。
- 了解 Word 2010 与 PowerPoint 2010 之间的协作。
- 了解 Excel 2010 与 PowerPoint 2010 之间的协作。
- 了解 Office 组件与 AutoCAD 之间的协作。

能力目标

能够在日常办公中使用 Word 2010、Excel 2010 和 PowerPoint 2010 等 Office 组件进行综合应用,并有效提高工作效率。

工作场景

Office 日常办公应用。
AutoCAD 制图员制图。

任务 7.1　Word 2010 与 Excel 2010 之间的协作应用

在 Word 2010 中可以直接调用和插入 Excel 2010 表格，这样用户就不用在两个软件中来回切换，非常方便。

7.1.1　在 Word 中创建 Excel 表格

Excel 表格在对数据进行处理时，有很多的便利之处，这对于经常使用 Excel 2010 表格的用户来说会有比较深的体会。那么，如果在文档中需要对一些数据进行处理时，可不可以直接创建一个 Excel 2010 表格来使用呢？答案是肯定的，具体操作方法如下。

（1）新建一个空白 Word 2010 文档，选择"插入"选项卡，在"文本"选项组中单击"对象"右侧的倒三角形按钮，在弹出的下拉列表中选择"对象"选项，如图 7-1 所示。

图 7-1　"对象"选项

（2）在弹出的"对象"对话框的"对象类型"列表框中选择"Microsoft Excel 2010 工作表"选项，如图 7-2 所示。

（3）单击"确定"按钮，文档中就会出现 Excel 工作表，同时当前窗口最上方显示的是 Excel 2010 软件工具栏，用户可以直接在工作表中输入数据并使用，如图 7-3 所示。

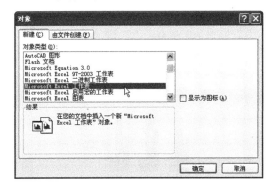

图 7-2　选择要创建的对象类型

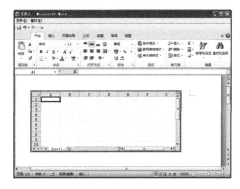

图 7-3　在 Word 中创建的 Excel 表格

7.1.2 在 Word 中调用 Excel 表格

在 Word 2010 不仅可以直接创建工作表，而且还可以调用已有的工作表来使用，其方法如下。

（1）新建一个空白 Word 文档，选择"插入"选项卡，在"文本"选项组中单击"对象"右侧的倒三角形按钮，在弹出的下拉列表中选择"对象"选项。

（2）在弹出的"对象"对话框中选择"由文件创建"选项卡，在"文件名"文本框中显示"*.*"，如图 7-4 所示。

> **提示**
> 选择"*.*"表明在选择文件时，将显示所有的文件名称，如果所选择的文件名称为"*.xlsx"，则表明将显示所有文件后缀名为"*.xlsx"的文件。

（3）单击"浏览"按钮，在弹出的"浏览"对话框中选择需要插入的 Excel 2010 文件，这里选择"素材\Office 组件间的综合应用\Word 与 Excel 之间的协作应用\图表.xlsx"文件，如图 7-5 所示。

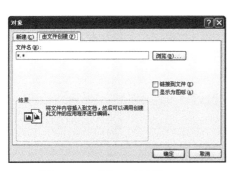

图 7-4 "对象"对话框

图 7-5 选择素材文件

（4）单击"插入"按钮，返回"对象"对话框，此时可以看到文件名的路径发生了变化，如图 7-6 所示。

（5）单击"确定"按钮，即可将 Excel 工作表插入 Word 文档中，之后可以通过工作表四周的控制点调整工作表的位置及大小，如图 7-7 所示。

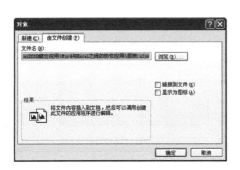

图 7-6 改变的文件名

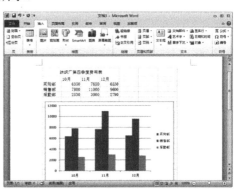

图 7-7 添加的图表

任务小结

通过本任务的学习，掌握 Word 2010 与 Excel 2010 间的协作应用。

任务 7.2　Word 2010 与 PowerPoint 2010 之间的协作应用

在一些演讲中，有时候用户会需要在 Word 2010 内插入或引用 PowerPoint 2010 中的演示文稿，此时，Word 2010 与 PowerPoint 2010 之间的协作应用就显得很重要了。

7.2.1　在 Word 中调用 PowerPoint 演示文稿

用户可以将 PowerPoint 2010 演示文稿插入 Word 2010 中进行编辑和放映，具体的操作步骤如下。

（1）新建一个空白 Word 2010 文档，选择"插入"选项卡，在"文本"选项组中单击"对象"右侧的倒三角形按钮，在弹出的下拉列表中选择"对象"选项，如图 7-8 所示。

图 7-8　"对象"选项

（2）在弹出的"对象"对话框中选择"由文件创建"选项卡，之后单击"浏览"按钮，在打开的"浏览"对话框中选择需要插入的 PowerPoint 文件，这里选择"素材\ Office 组件间的综合应用\Word 与 PowerPoint 之间的协作应用\美玉欣赏.pptx"文件，如图 7-9 所示。

（3）单击"插入"按钮，返回"对象"对话框，此时可以看到文件名的路径发生了变化，如图 7-10 所示。

（4）单击"确定"按钮，完成幻灯片的插入，其效果如图 7-11 所示。

> **提示**
> 在 Word 中插入幻灯片后，双击插入的幻灯片文件，即可调用演示文稿应用程序来打开进行演示。

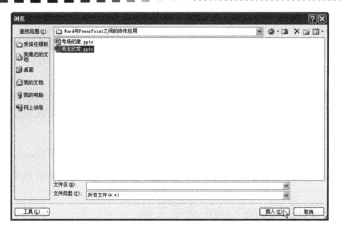

图 7-9 插入幻灯片文件

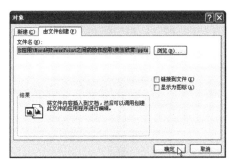

图 7-10 改变的文件名

图 7-11 在 Word 中调用幻灯片

7.2.2 在 Word 中调用单张幻灯片

用户除了可以一次性调用整个演示文稿外，还可以只调用单张幻灯片，其实现方法如下。

（1）打开"素材\Office 组件间的综合应用\Word 与 PowerPoint 之间的协作应用\考场纪律.pptx"文件，在演示文稿中选择需要插入 Word 中的单张幻灯片，然后单击鼠标右键，在弹出的快捷菜单中选择"复制"命令，如图 7-12 所示。

（2）切换到 Word 2010，然后选择"开始"选项卡，在"剪贴板"选项组中单击"粘贴"下方的倒三角形按钮 ，在弹出的列表中选择"选择性粘贴"选项，弹出"选择性粘贴"对话框。在"形式"列表框中选择"Microsoft PowerPoint 幻灯片对象"选项，如图 7-13 所示。

（3）单击"确定"按钮，即可在 Word 中插入单张幻灯片，如图 7-14 所示。

（4）在 Word 文档中双击插入的幻灯片后，Word 中的工具栏将变为 PowerPoint 中的工具栏，用户可以在 Word 中直接对幻灯片进行编辑、放映等操作，如图 7-15 所示。

Office 组件间的综合应用   项目 7

图 7-12 复制幻灯片

图 7-13 选择性粘贴幻灯片

图 7-14 在 Word 中插入幻灯片

图 7-15 在 Word 中编辑幻灯片

任务小结

通过本任务的学习，掌握 Word 2010 与 PowerPoint 2010 间的协作应用。

任务 7.3　Excel 2010 与 PowerPoint 2010 之间的协作应用

使用幻灯片进行讲座或演示时，经常需要配备一些数据、表格或图表等，以使演说更具说服力，此时 Excel 2010 与 PowerPoint 2010 之间的协作应用就显得尤为重要了。

7.3.1　在 PowerPoint 中使用 Excel 工作表

如果需要在 PowerPoint 演示文稿中插入一些数据或报表，此时可以考虑使用 Excel 进行数据整理，之后在 PowerPoint 中调用即可，其使用方法如下。

（1）打开"素材\Word 2010、Excel 2010、PowerPoint 2010 综合应用\Excel 与 PowerPoint 之间的协作应用\销售业绩表.xlsx"文件，选择需要复制的数据区域，按 Ctrl+C 组合键复制

237

文本，如图 7-16 所示。

（2）打开"素材\Word 2010、Excel 2010、PowerPoint 2010 综合应用\Excel 与 PowerPoint 之间的协作应用\销售业绩评比大会 .pptx"文件，选择幻灯片，在"开始"选项卡中单击"剪贴板"选项组中的"粘贴"下方的倒三角形按钮，在弹出的列表中单击"保留源格式"按钮，即可将 Excel 中的表格粘贴至 PowerPoint 中，调整后的效果如图 7-17 所示。

图 7-16　复制表格内容

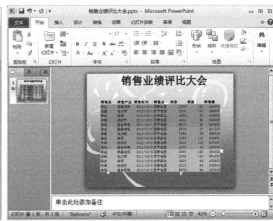

图 7-17　应用 Excel 工作表

7.3.2　在 PowerPoint 中使用 Excel 图表

在 PowerPoint 2010 中制作数据报表比较麻烦，而使用 Excel 2010 制作数据报表则是一件轻而易举的事情。如果两者能够配合使用，将会更加方便，可以大大提高办公效率。

（1）打开"素材\Office 组件间的综合应用\Excel 2010 与 PowerPoint 2010 之间的协作应用\销售报表.xlsx"文件，选择需要复制的图表，然后单击鼠标右键，在弹出的快捷菜单中选择"复制"命令，如图 7-18 所示。

（2）打开"素材\ Office 组件间的综合应用\Excel 2010 与 PowerPoint 2010 之间的协作应用\销售表彰大会.pptx"文件，选择"开始"选项卡，在"剪贴板"选项组中单击"粘贴"按钮，即可将图表复制到 PowerPoint 幻灯片中，调整后的效果如图 7-19 所示。

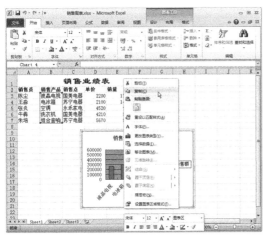

图 7-18　复制图表

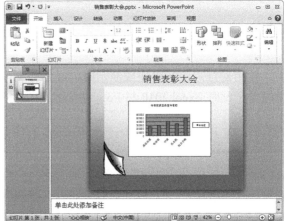

图 7-19　应用 Excel 图表

任务小结

通过本任务的学习,掌握 Excel 2010 与 PowerPoint 2010 间的协作应用。

任务 7.4　应用 Word 2010、Excel 2010 和 PowerPoint 2010 制作营销会议 PPT

将 Word 的文本编辑功能、Excel 的数据处理与报表功能及 PowerPoint 的文稿演示功能相结合使用,可以让工作变得更轻松。例如,在制作公司会议 PPT 演示文稿时可以采用在 Word 中快速编辑文本,在 Excel 中制作数据报表,最后将 Word 和 Excel 中的内容移至 PowerPoint 中,并在 PowerPoint 中进行动画设计。

7.4.1　在 Word 中快速编辑演示文本内容

在制作幻灯片之前,可以先在 Word 中输入相关的文本内容,之后对所输入的文本内容进行简单编辑,以使其在后期制作幻灯片时能够快速并直接应用。

图 7-20　编辑文本内容

新建一个空白 Word 2010 文档,在空白文档中输入文本内容,然后根据需要对文本内容进行编辑,最终效果如图 7-20 所示。

7.4.2　在 Excel 中制作报表数据

对于在幻灯片中需要用到的数据表格及报表,可以在 Excel 中快速制作出来。

(1)新建一个空白 Excel 表格,首先在空白表格中根据实际销售情况输入相关数据,并对表格进行简单的格式设置,最终效果如图 7-21 所示。

(2)在"销售总额"列中,根据销售员的销量和产品的单价,计算销售员的销售总额,如在 F3 单元格内输入公式"=D3*E3",如图 7-22 所示。

(3)按 Enter 键得出销售总额结果,利用快速填充功能,得到其他销售员的销售总额,如图 7-23 所示。

(4)选择"销售产品"和"销售总额"两列数据,如图 7-24 所示。

(5)选择"插入"选项卡,在"图表"选项组中单击"柱形图"按钮,在弹出的列表中选择"二维柱形图"区域的"堆积柱形图",如图 7-25 所示。

(6)单击所选的"堆积柱形图"即可插入,如图 7-26 所示。

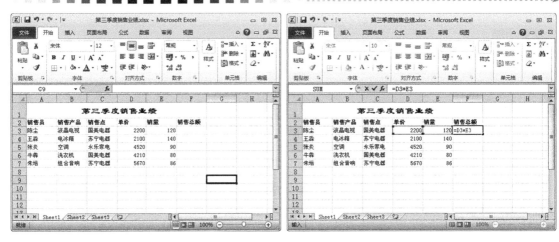

图 7-21　编辑表格及表格数据　　　　　图 7-22　输入公式

图 7-23　填充数据　　　　　图 7-24　选择数据

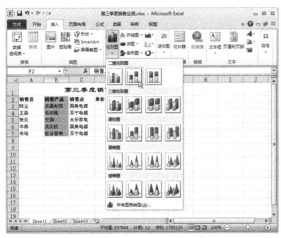
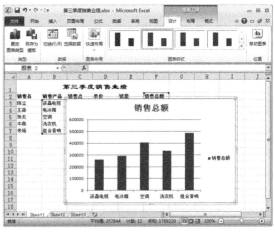

图 7-25　选择图表类型　　　　　图 7-26　插入图表

7.4.3 将 Word 文本内容移至 PowerPoint

万事俱备，只欠应用。编辑好文本文档和所需的图表之后，下一步就是在 PowerPoint 中应用。

（1）新建一个 PowerPoint 演示文稿，单击"设计"选项卡中的"主题"选项组中的"主题"右侧的倒三角形按钮，在弹出的列表中选择一种模板，如图 7-27 所示。

（2）删除"单击此处添加标题"文本框，然后选择"插入"选项卡，在"文本"选项组中单击"艺术字"按钮，在弹出的列表中选择一种艺术字样式，如图 7-28 所示。

图 7-27 选择模板

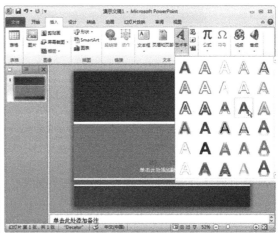
图 7-28 选择艺术字样式

（3）单击即可插入带有艺术字格式的文本框，输入"营销会议"，然后在"字体"下拉列表中选择"隶书"，在"字号"下拉列表中选择"72"，设置效果如图 7-29 所示。

（4）选择输入的文字，然后选择"格式"选项卡，在"形状样式"选项组中单击"形状效果"选项，在下拉列表中选择"阴影"→"左下斜偏移"命令，之后删除"单击此处添加副标题"文本框，如图 7-30 所示。

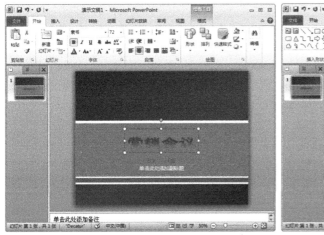
图 7-29 设置艺术字

图 7-30 查看艺术字效果

（5）在左侧幻灯片缩览图上用鼠标右键单击，在弹出的快捷菜单中选择"新建幻灯片"

命令，新建一个幻灯片，如图7-31所示。

（6）将前面在Word文档中输入的文本内容依次复制到新建的幻灯片中，并进行版式设计，最终效果如图7-32所示。

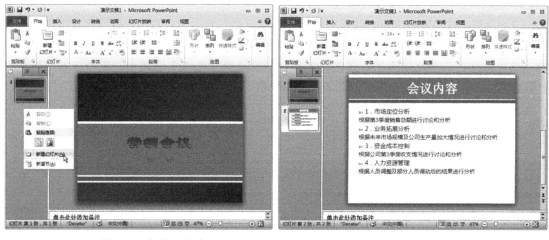

图7-31　新建幻灯片　　　　　　　　　图7-32　导入Word中的文本内容

7.4.4　导入Excel报表至PowerPoint

将制作好的Excel 2010表格导入PowerPoint 2010的适当位置，可使演讲更具有说服力，其操作方法如下。

（1）选择左侧幻灯片缩览图下最后一张幻灯片并右击，在弹出的快捷菜单中选择"新建幻灯片"命令，新建一个幻灯片，如图7-33所示。

（2）在新建幻灯片的"单击此处添加标题"文本框中输入"销售业绩表"。将"单击此处添加文本"文本框删除，之后将前面制作的"第三季度销售业绩表"复制到"销售业绩表"文本内容的下方，并对其进行调整和编辑，最终效果如图7-34所示。

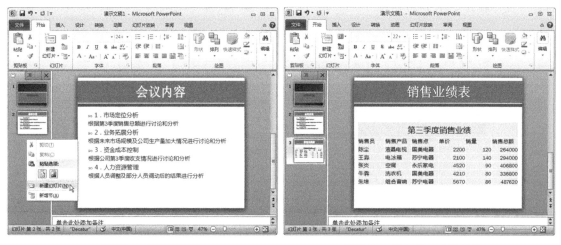

图7-33　新建幻灯片　　　　　　　　　图7-34　导入Excel 2010表

（3）选择左侧幻灯片缩览图下最后一张幻灯片并右击，在弹出的快捷菜单中选择"新建幻灯片"命令，新建一个幻灯片，如图7-35所示。

（4）在新建幻灯片的"单击此处添加标题"文本框中输入"第三季度销售额"，将"单击此处添加文本"文本框删除，之后将前面制作的图表复制到"销售业绩表"文本内容的下方，并对其进行调整和编辑，最终效果如图 7-36 所示。

图 7-35　新建幻灯片　　　　　　　　　图 7-36　导入 Excel 图表

7.4.5　为 PowerPoint 2010 制作动画

幻灯片制作完成后，为其添加切换效果和动画效果，使其更加生动。

（1）选择第一张幻灯片，选择"转换"选项卡中的"切换到此幻灯片"选项组中的"切换方案"右侧的倒三角形按钮，在弹出的下拉列表中选择"形状"切换效果，如图 7-37 所示。

（2）选择第二张幻灯片，设置其切换方案为"溶解"效果，如图 7-38 所示。

图 7-37　为第一张幻灯片添加切换效果　　　图 7-38　为第二张幻灯片添加切换效果

（3）选择第三张幻灯片，设置其切换方案为"库"效果，如图 7-39 所示。

（4）选择第四张幻灯片，设置其切换方案为"覆盖"效果，如图 7-40 所示。

（5）按 Ctrl+S 组合键后，保存演示文档。

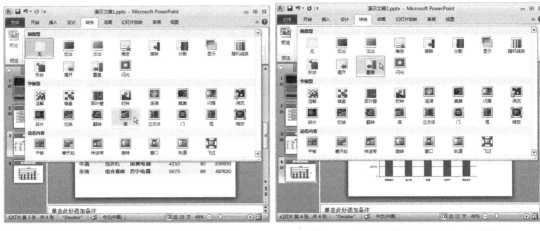

图 7-39　为第三张幻灯片添加切换效果　　　图 7-40　为第四张幻灯片添加动画效果

任务小结

通过本任务的学习，掌握 Word 2010、Excel 2010 与 PowerPoint 2010 间的协作应用。

任务 7.5　办公软件与其他软件之间的协作应用

7.5.1　Word 与 AutoCAD 间的协作应用

Word 文档制作中，往往需要各种插图，Word 绘图功能有限，特别是复杂的图形，该缺点更加明显，AutoCAD 是专业绘图软件，功能强大，很适合绘制比较复杂的图形，用 AutoCAD 绘制好图形，然后插入 Word 2010 制作复合文档是解决问题的好办法，可以用 AutoCAD 提供的 EXPORT 功能先将 AutoCAD 图形以 BMP 或 WMF 等格式输出，然后插入 Word 2010 文档，也可以先将 AutoCAD 图形复制到剪贴板，再在 Word 2010 文档中粘贴。须注意的是，由于 AutoCAD 默认背景颜色为黑色，而 Word 2010 背景颜色为白色，首先应将 AutoCAD 图形背景颜色改成白色。另外，AutoCAD 图形插入 Word 2010 文档后，往往空边过大，效果不理想。利用 Word 2010 图片工具栏上的裁剪功能进行修整，空边过大问题即可解决。

7.5.2　Excel 与 AutoCAD 间的协作应用

AutoCAD 尽管有强大的图形功能，但表格处理功能相对较弱，而在实际工作中，往往需要在 AutoCAD 中制作各种表格，如工程数量表等，如何高效制作表格，是一个很实用的问题。在 AutoCAD 环境下用手工画线方法绘制表格，然后，再在表格中填写文字，不但效率低下，而且，很难精确控制文字的书写位置，文字排版也很成问题。经过探索，可以这样较好解决：先在 Excel 中制作完表格，复制到剪贴板，然后再在 AutoCAD 环境下选择"Edit"菜单中的"Paste special"，选择作为 AutoCAD Entities，确定以后，表格即转化成 AutoCAD 实体，用 Explode 炸开，即可以编辑其中的线条及文字，非常方便。

任务小结

通过本任务的学习,掌握 Word、Excel 与 AutoCAD 间的协作应用。

项目综合实训

制作职员培训 PPT

对于公司的管理层或 HR 人士来说,招人并培训是常有的事情。在培训新职员的时候,如果利用幻灯片进行讲解式的培训,往往会达到事半功倍的效果。

具体操作步骤如下。

1. 制作职员培训首页

创建员工培训幻灯片首页页面的方法如下。

(1)启动 PowerPoint 2010,进入 PowerPoint 工作界面,如图 7-41 所示。

(2)选择"设计"选项卡,在"主题"选项组中单击"主题"右侧的下三角形按钮,在弹出的下拉列表中选择一种模板,如图 7-42 所示。

图 7-41 新建幻灯片

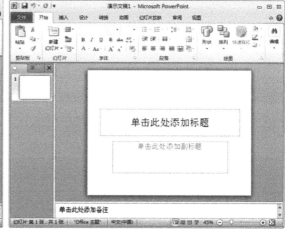
图 7-42 应用模板样式

(3)删除"单击此处添加标题"文本框,然后选择"插入"选项卡,在"文本"选项组中单击"艺术字"右侧的倒三角形按钮,在弹出的下拉列表中选择一种艺术字样式,如图 7-43 所示。

(4)单击即可插入一个带有艺术字格式的文本框,输入"职员培训",然后选择"开始"选项卡,在"字体"选项组中的"字体"下拉列表中选择"隶书",在"字号"下拉列表中选择"60",最终效果如图 7-44 所示。调整艺术字到合适的位置,如图 7-45 所示。

(5)单击"单击此处添加副标题"文本框,并输入"培训人:李主任"文本,设置"字体"为"黑体","字号"为"33",如图 7-46 所示。

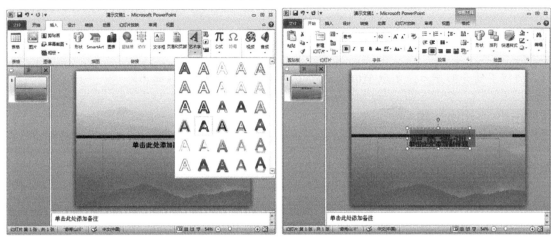

图 7-43　选择艺术字样式　　　　　　图 7-44　设置艺术字字体

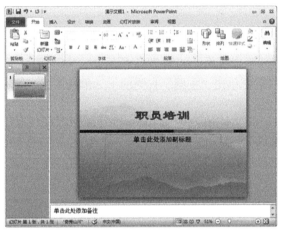

图 7-45　查看添加的艺术字　　　　　　图 7-46　输入副标题

（6）选择整张幻灯片，然后选择"转换"选项卡，在"切换到此幻灯片"选项组中单击"切换方案"右侧的倒三角形按钮，在弹出的下拉列表中选择"随机线条"切换效果，如图 7-47 所示。按 Ctrl+S 组合键将其保存为"职员培训.pptx"文件。

图 7-47　设置切换效果为随机线条

2. 制作职员学习目标幻灯片

制作职员学习目标幻灯片，包括制作幻灯片的标题和制作幻灯片内容两方面。在制作幻灯片内容时，方法比较简单，但是操作比较烦琐，包括插入形状、设计形状效果、设置形状阴影、绘制圆角矩形等。

制作职员学习目标幻灯片的方法如下。

（1）在左侧幻灯片缩览图下用鼠标右键单击，在弹出的快捷菜单中选择"新建幻灯片"命令，新建一个幻灯片，如图7-48所示。

（2）在新添加的幻灯片中单击"单击此处添加标题"文本框，输入"学习目标"文本。选择输入的文本，然后设置"字体"为"黑体"，"字号"为"44"，"形状效果"为"阴影"，最终效果如图7-49所示。

图7-48　新建幻灯片

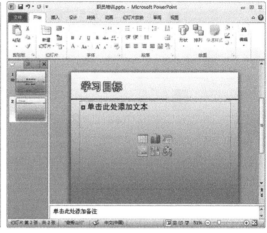
图7-49　输入文本

（3）将"单击此处添加文本"文本框删除，选择"插入"选项卡，在"插图"选项组中单击"形状"按钮，在弹出的下拉列表中单击"矩形"区域中的"圆角矩形"选项，绘制一个"高度"为"3.1厘米"、"宽度"为"2.5厘米"的圆角矩形，最终效果如图7-50所示。

（4）选择添加的圆角矩形，在"格式"选项卡中单击"形状样式"选项组中的"形状填充"按钮，在弹出的列表中选择主题颜色为"青绿"，如图7-51所示。

图7-50　绘制圆角矩形

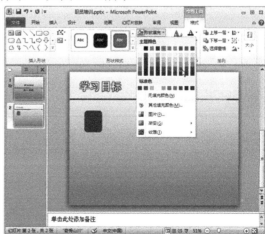
图7-51　为圆角矩形填充颜色

（5）单击"形状效果"按钮，在弹出的下拉列表中选择"预设"→"预设 3"命令，如图 7-52 所示。

（6）单击"形状效果"按钮，在弹出的下拉列表中选择"阴影"→"左下斜偏移"命令，如图 7-53 所示，最终设计效果如图 7-54 所示。

（7）绘制一个"高度"为"2.6 厘米"、"宽度"为"14 厘米"的矩形，设置矩形的"填充"为"浅蓝"（R：0，G：176，B：240），设置"形状轮廓"为"无轮廓"，为矩形添加与步骤（6）同样的"阴影"效果，并设置矩形的"叠放层次"为"置于底层"，在圆角矩形和矩形中输入文本内容，并设置输入的内容，然后调整圆角矩形和矩形的位置，最终效果如图 7-55 所示。

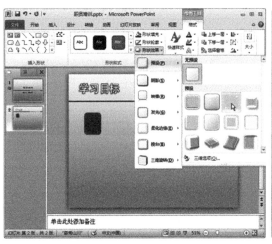

图 7-52　设置圆角矩形的形状效果　　　　图 7-53　圆角矩形阴影选项

图 7-54　圆角矩形最终效果　　　　　　　图 7-55　设计第一个学习目标标题

> **提示**
> 对矩形填充的颜色设置可根据需要自行调节，最终目标使得颜色搭配简洁大方、清晰易读即可。

（8）根据步骤（3）～（7）的操作方法，制作另外两个矩形的学习目标标题，最终效果如图 7-56 所示。

（9）选择"插入"选项卡，在"图像"选项组中单击"剪贴画"按钮，打开"剪贴画"窗格，在"搜索文字"文本框中输入"公司"，然后单击"搜索"按钮，选择合适的剪贴画并单击即可将其插入，如图 7-57 所示。

图 7-56　学习目标幻灯片最终效果

图 7-57　选择剪贴画

（10）关闭"剪贴画"窗格，选择整张幻灯片，然后选择"转换"选项卡，在"切换到此幻灯片"选项组中单击"切换方案"右侧的倒三角形按钮，在弹出的下拉列表中选择"棋盘"切换效果，如图 7-58 所示。

3．制作学习进度报表页面

如果在幻灯片中使用数据报表时，可以转移至 Excel 2010 中进行制作，这样可以大大提高办公效率，其操作方法如下。

（1）新建一个空白的 Excel 表格。首先在空白表格中根据培训进度输入相关数据，并对表格进行简单的格式设置，最终效果如图 7-59 所示。

图 7-58　设置切换效果

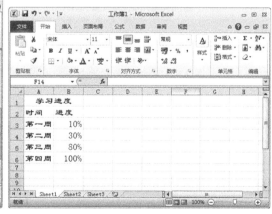

图 7-59　编辑表格及表格数据

（2）选择"时间"和"进度"两列数据，之后选择"插入"选项卡，在"图表"选项组中单击"折线图"按钮，在弹出的下拉列表中选择"带数据标记的折线图"选项，单击即可插入，如图 7-60 和图 7-61 所示。

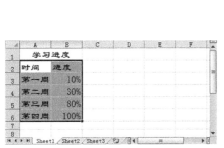

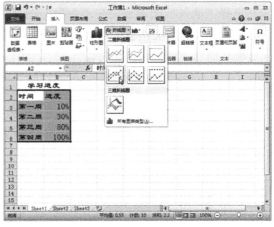

图 7-60 选择数据　　　　　　　　　图 7-61 选择图表类型

（3）对插入的折线图进行设置，设置绘图区和图表区的填充颜色及图表中文字的字体等，效果如图 7-62 所示。

（4）切换至"职员培训"幻灯片窗口，在左侧幻灯片缩览图下用鼠标右键单击，在弹出的快捷菜单中选择"新建幻灯片"命令，新建一个幻灯片，如图 7-63 所示。

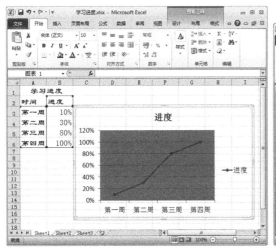

图 7-62 折线图显示效果　　　　　　　图 7-63 新建幻灯片

（5）在新添加的幻灯片中单击"单击此处添加标题"文本框，输入"学习进度计划"文本。选择输入的文本，然后设置"字体"为"黑体"，"字号"为"44"，"形状效果"为"阴影"，最终效果如图 7-64 所示。

（6）将"单击此处添加文本"文本框删除，将制作好的学习进度计划报表复制到"学习进度计划"文本内容的下方，并对其进行调整和编辑，最终效果如图 7-65 所示。

（7）选择整张幻灯片，然后选择"转换"选项卡，在"切换到此幻灯片"选项组中单击"切换方案"，在弹出的下拉列表中选择"溶解"切换效果，如图 7-66 所示。

Office 组件间的综合应用 项目 7

图 7-64　输入文本　　　　　　　　图 7-65　"学习进度"幻灯片效果

图 7-66　设置切换效果为溶解

4．制作结束幻灯片页面

幻灯片的主题制作完成后，在最后插入一张结束幻灯片以提示观众即将结束，其实现方法如下。

（1）在左侧幻灯片缩览图下右击，在弹出的快捷菜单中选择"新建幻灯片"命令，新建一个幻灯片，删除该幻灯片中的所有文本框，在幻灯片中用鼠标右键单击，在弹出的快捷菜单中选择"设置背景格式"命令，弹出"设置背景格式"对话框，设置背景颜色为"白色"，同时选中"隐藏背景图形"复选框，如图 7-67 所示。

（2）单击"关闭"按钮，关闭"设置背景格式"对话框，效果如图 7-68 所示。

（3）选择"插入"选项卡，在"文本"选项组中单击"艺术字"按钮，在弹出的下拉列表中选择一种艺术字样式，如图 7-69 所示。

（4）在带有艺术字格式的文本框中输入"完"字，并设置"字体"为"隶书"，"字号"为"160"，如图 7-70 所示。

图 7-67　设置幻灯片背景　　　　　　　　图 7-68　设置背景效果

图 7-69　选择艺术字样式　　　　　　　　图 7-70　编辑艺术字

（5）调整艺术字的大小和位置，如图 7-71 所示。

（6）选择整张幻灯片，然后选择"转换"选项卡，在"切换到此幻灯片"选项组中单击"切换方案"按钮，在弹出的下拉列表中选择"门"切换效果，如图 7-72 所示。

图 7-71　调整艺术字　　　　　　　　　　图 7-72　设置切换效果为"门"

(7) 按 Ctrl+S 组合键将制作好的幻灯片进行保存。

至此，职员培训.pptx 就制作完成了。

项目总结

通过本项目的学习，初步掌握了 Word 2010、Excel 2010、PowerPoint 2010 间的协作应用，并了解了 Word 2010、Excel 2010 与 AutoCAD 间的简单协作应用。

项目 8

系统维护和常用工具软件

本项目介绍个人计算机系统常见故障及维护以及常用工具软件的使用。如同其他设备一样，计算机在使用过程中难免会出现各种问题。找出这些问题并解决是本项目要完成的第一个目标。而压缩文件，图片处理软件则是我们需要学习掌握并在日常中经常使用的。

知识目标

- 掌握计算机故障检测的原则和方法。
- 掌握计算机系统故障的步骤。
- 掌握计算机系统数据备份和恢复方法。
- 掌握压缩软件 WinRAR 的使用方法。
- 掌握图片制作软件 ACDSee 的使用方法。

能力目标

能独立完成对计算机各系统故障的排除和日常维护，实现数据的日常备份和恢复，熟练完成文件压缩与解压和图片的加工制作。

工作场景

日常办公中计算机的维护。
工作中系统数据的备份和恢复。
个人文件压缩与解压。
图片的简单加工制作。

任务 8.1　计算机维修的基本原则、方法和步骤

计算机产生故障的原因是多方面的，故障表现的现象也是各式各样。许多故障反映的表面现象相似，产生的原因却可能很多。同学们应认真分析，区别对待。

8.1.1　计算机正常使用环境

计算机正常工作是由一定的环境要求的，在正确的环境中使用计算机有利于提高计算机的使用寿命，减少计算机故障的发生。

具体条件如下。

1．温度条件

一般的精密电子设备应工作在 20～25℃恒温下，现在的计算机虽然本身散热性能很好，但过高的温度仍是计算机故障的重要诱因，稍有不慎就可能烧毁计算机的芯片或其他配件，所以计算机的散热已成为一个不可忽视的问题；温度过低则会使计算机的各配件之间产生接触不良的毛病，从而导致计算机不能正常工作。如果发生结冰的现象，则会引起电路短路。在机房安装上空调，以保证计算机正常运行时所需的环境温度，是最直接方便的解决方法。

2．湿度条件

过高的湿度会使计算机内的线路板很容易腐蚀，使板卡过早老化。所以计算机的工作环境应保持通风良好。

3．做好防尘

计算机是精密的电子设备，灰尘是造成计算机硬件故障最主要原因，它可以堵塞计算机的各种接口，造成计算机不能正常工作。因此，做好防尘工作，并且定期清理计算机机箱内部的灰尘，以保证计算机的正常运行。

这里需要注意的是，在进行除尘工作的时候应该注意：

（1）在清洁前一定先将主机断电，拔掉主机电源线。

（2）尽量不要打开电源，清洁里面，里面的电压很高。

（3）不要私自打开显示器，里面的电压很高。

（4）清洁之前要先看下天气，最好不要选在阴天下雨和空气湿度大的时候清洁，那样会造成连接线插头的氧化。

（5）在清洁过程中最好用软刷，如果刷毛过硬会增大器件的损坏概率。

4．电源要求

电压不稳是可以对计算机电路和器件造成永久损害的。由于市电供应存在高峰期和低谷期，而学校学生宿舍又是一个用电不规范的地方，常常因为有人偷用大功率电器而引起跳闸、短路等现象。在这样的环境下使用计算机，一定要配备稳压器。另外，突然停电会造成计算机内部数据的丢失，严重时还会造成计算机系统不能启动等各种故障，所以计算机需要配备一个

小型的家用 UPS，保证计算机的正常使用。

5．做好防静电工作

静电可以造成计算机芯片的损坏，为防止静电对计算机造成损害，在打开计算机机箱前应当用手接触暖气管或水管等可以放电的物体，将本身的静电放掉后再接触计算机的配件；另外在安放计算机时将机壳用导线接地，可以起到很好的防静电效果。不要穿纤维布料的衣服进行维修工作、不要在有地毯的地方进行维修、维修地点最好洒上点水以增加湿度，这样做可有效地减少静电的产生从而避免静电击穿元件的人为故障发生。

6．防止震动和噪声

震动和噪声会造成计算机中部件的损坏（如硬盘的损坏或数据的丢失等），因此计算机不能工作在震动和噪声很大的环境中，如确实需要将计算机放置在震动和噪声大的环境中应考虑安装防震和隔音设备，如图 8-1 所示。

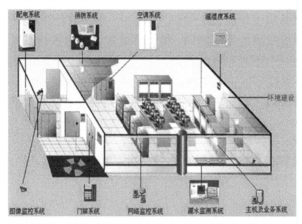

图 8-1　标准机房

8.1.2　进行计算机维修应遵循的基本原则

1．进行维修判断须从最简单的事情做起

简单的事情，一方面指观察，另一方面是指简捷的环境。

简单的事情就是观察，它包括：

（1）计算机周围的环境情况——位置、电源、连接、其他设备、温度与湿度等；

（2）计算机所表现的现象、显示的内容，及它们与正常情况下的异同；

（3）计算机内部的环境情况——灰尘、连接、器件的颜色、部件的形状、指示灯的状态等；

（4）计算机的软硬件配置——安装了何种硬件，资源的使用情况；使用的是哪种操作系统，其上又安装了何种应用软件；硬件的设置驱动程序版本等。

简捷的环境包括：

（1）后续将提到的最小系统；

（2）在判断的环境中，仅包括基本的运行部件/软件，和被怀疑有故障的部件/软件；

（3）在一个干净的系统中，添加用户的应用（硬件、软件）来进行分析判断。

从简单的事情做起，有利于精力的集中，有利于进行故障的判断与定位。一定要注意，必须通过认真的观察后，才可进行判断与维修。

2．根据观察到的现象，要"先想后做"

先想后做，包括以下几个方面：

首先是先想好怎样做、从何处入手，再实际动手。也可以说是先分析判断，再进行维修。

其次是对于所观察到的现象，尽可能地先查阅相关的资料，看有无相应的技术要求、使用特点等，然后根据查阅到的资料，结合下面要谈到的内容，再着手维修。

最后是在分析判断的过程中，要根据自身已有的知识、经验来进行判断，对于自己不太了解或根本不了解的，一定要先向有经验的同事或你的技术支持工程师咨询，寻求帮助。

3．在大多数的计算机维修判断中，必须"先软后硬"

即从整个维修判断的过程看，总是先判断是否为软件故障，先检查软件问题，当可判断软件环境是正常时，如果故障不能消失，再从硬件方面着手检查。

4．在维修过程中要分清主次，即"抓主要矛盾"

在复现故障现象时，有时可能会看到一台故障机不止有一个故障现象，而是有两个或两个以上的故障现象（如启动过程中无显，但机器也在启动，同时启动完后，有死机的现象等），此时，应该先判断、维修主要的故障现象，当修复后，再维修次要故障现象，有时可能次要故障现象已不需要维修了。

8.1.3　计算机维修的基本方法

1．观察法

观察是维修判断过程中第一要法，它贯穿于整个维修过程中。观察不仅要认真，而且要全面。要观察的内容包括：

（1）周围的环境；

（2）硬件环境，包括接插头、座和槽等；

（3）软件环境；

（4）用户操作的习惯、过程。

2. 最小系统法

最小系统是指从维修判断的角度能使计算机开机或运行的最基本的硬件和软件环境。最小系统有两种形式：

硬件最小系统：由电源、主板和 CPU 组成。在这个系统中，没有任何信号线的连接，只有电源到主板的电源连接。在判断过程中是通过声音来判断这一核心组成部分是否可正常工作。

软件最小系统：由电源、主板、CPU、内存、显示卡/显示器、键盘和硬盘组成。这个最小系统主要用来判断系统是否可完成正常的启动与运行。

对于软件最小环境，就"软件"有以下几点要说明：

（1）硬盘中的软件环境，保留着原先的软件环境，只是在分析判断时，根据需要进行隔离如卸载、屏蔽等）。保留原有的软件环境，主要是用来分析判断应用软件方面的问题。

（2）硬盘中的软件环境，只有一个基本的操作系统环境（可能是卸载掉所有应用，或是重新安装一个干净的操作系统），然后根据分析判断的需要，加载需要的应用。需要使用一个干净的操作系统环境，是要判断系统问题、软件冲突或软、硬件间的冲突问题。

（3）在软件最小系统下，可根据需要添加或更改适当的硬件。例如，在判断启动故障时，由于硬盘不能启动，想检查一下能否从其他驱动器启动。这时，可在软件最小系统下加入一个软驱或干脆用软驱替换硬盘，来检查。又如，在判断音视频方面的故障时，应需要在软件最小系统中加入声卡；在判断网络问题时，就应在软件最小系统中加入网卡等。

最小系统法主要是要先判断在最基本的软、硬件环境中，系统是否可正常工作。如果不能正常工作，即可判定最基本的软、硬件有故障，从而起到故障隔离的作用。

最小系统法与逐步添加法结合，能较快速地定位发生在其他板软件的故障，提高维修效率。

3. 逐步添加/去除法

逐步添加法以最小系统为基础，每次只向系统添加一个部件/设备或软件，来检查故障现象是否消失或发生变化，以此来判断并定位故障部位。

逐步去除法正好与逐步添加法的操作相反。

逐步添加/去除法一般要与替换法配合，才能较为准确地定位故障部位。

4. 隔离法

隔离法是将可能妨碍故障判断的硬件或软件屏蔽起来的一种判断方法。它也可用来将怀疑相互冲突的硬件、软件隔离开以判断故障是否发生变化的一种方法。

上面提到的软硬件屏蔽，对于软件来说，即是停止其运行，或者是卸载；对于硬件来说，是在设备管理器中，禁用、卸载其驱动，或干脆将硬件从系统中去除。

5. 替换法

替换法是用好的部件去代替可能有故障的部件，以判断故障现象是否消失的一种维修方法。好的部件可以是同型号的，也可能是不同型号的。替换的顺序一般为：

（1）根据故障的现象或第二部分中的故障类别，来考虑需要进行替换的部件或设备。

（2）按先简单后复杂的顺序进行替换。例如，先内存、CPU，后主板，又如要判断打印故障时,可先考虑打印驱动是否有问题,再考虑打印电缆是否有故障,最后考虑打印机或并口是否有故障等。

(3) 最先考查与怀疑有故障的部件相连接的连接线、信号线等,之后是替换怀疑有故障的部件,然后是替换供电部件,最后是与之相关的其他部件。

(4) 从部件的故障率高低来考虑最先替换的部件。故障率高的部件先进行替换。

6．比较法

比较法与替换法类似,即用好的部件与怀疑有故障的部件进行外观、配置、运行现象等方面的比较,也可在两台计算机间进行比较,以判断故障计算机在环境设置、硬件配置方面的不同,从而找出故障部位。

7．升降温法

在上门服务过程中,升降温法由于工具的限制,其使用与维修间是不同的。在上门服务中的升温法,可在用户同意的情况下,设法降低计算机的通风能力,使计算机自身的发热来升温;降温的方法有:

(1) 一般选择环境温度较低的时段,如一清早或较晚的时间;
(2) 使计算机停机 12 小时以上等方法实现;
(3) 用电风扇对着故障机吹,以加快降温速度。

8．敲打法

敲打法一般用在怀疑计算机中的某部件有接触不良的故障时,通过振动、适当的扭曲,甚至用橡胶锤敲打部件或设备的特定部件来使故障复现,从而判断故障部件的一种维修方法。

9．对计算机产品进行清洁的建议

有些计算机故障,往往是由于机器内灰尘较多引起的,这就要求我们在维修过程中,注意观察故障机内、外部是否有较多的灰尘,如果是,应该先进行除尘,再进行后续的判断维修。在进行除尘操作中,以下几个方面要特别注意:

(1) 注意风道的清洁。
(2) 注意风扇的清洁。风扇的清洁过程中,最好在清除其灰尘后,能在风扇轴处,滴几滴钟表油,加强润滑。
(3) 注意接插头、座、槽、板卡金手指部分的清洁。
金手指的清洁,可以用橡皮擦拭金手指部分,或用酒精棉擦拭也可以。
插头、座、槽的金属引脚上的氧化现象的去除: 一是用酒精擦拭,一是用金属片(如一字形改锥)在金属引脚上轻轻刮擦。
(4) 注意大规模集成电路、元器件等引脚处的清洁。
清洁时,应用小毛刷或吸尘器等除掉灰尘,同时要观察引脚有无虚焊和潮湿的现象,元器件是否有变形、变色或漏液现象。
(5) 注意使用的清洁工具。
清洁用的工具,首先是防静电的。如清洁用的小毛刷,应使用天然材料制成的毛刷,禁用塑料毛刷。其次是如使用金属工具进行清洁时,必须切断电源,且对金属工具进行泄放静电处理。

用于清洁的工具包括小毛刷、皮老虎、吸尘器、抹布、酒精（不可用来擦拭机箱、显示器等的塑料外壳）。

（6）对于比较潮湿的情况，应想办法使其干燥后再使用。可用的工具如电风扇、电吹风等，也可让其自然风干。

10．软件调试的几个方法和建议

（1）操作系统方面。

主要的调整内容是操作系统的启动文件、系统配置参数、组件文件、病毒等。

① 修复操作系统启动文件。

② 检查系统中的病毒。

③ 建议使用命令行方式下的病毒查杀软件，并能直接访问诸如 NTFS 分区。

（2）设备驱动安装与配置方面。

主要调整设备驱动程序是否与设备匹配、版本是否合适、相应的设备在驱动程序的作用下能否正常响应。

（3）磁盘状况方面。

检查磁盘上的分区是否能访问、介质是否有损坏、保存在其上的文件是否完整等。

（4）应用软件方面。

如应用软件是否与操作系统或其他应用有兼容性的问题、使用与配置是否与说明手册中所述的相符、应用软件的相关程序、数据是否完整等。

（5）BIOS 设置方面。

① 在必要时应先恢复到最优状态。建议：在维修时先把 BIOS 恢复到最优状态（一般是出厂时的状态），然后根据应用的需要，逐步设置到合适值。

② BIOS 刷新不一定要刷新到最新版，有时应考虑降低版本。

（6）重建系统。

在硬件配置正确，并得到用户许可时，可通过重建系统的方法来判断操作系统之类软件故障，在用户不同意的情况下，建议使用自带的硬盘，来进行重建系统的操作。在这种情况下，最好重建系统后，逐步复原到用户原硬盘的状态，以便判断故障点。

① 重建系统，须以一键恢复为主，其次是恢复安装，最后是完全重新安装。

② 为保证系统干净，在安装前，执行 Fdisk /MBR 命令（也可用 Clear.com）。必要时，在此之后执行 format <驱动器盘符> /u [/s]命令。

③ 一定要使用随机版的或正版的操作系统安装介质进行安装。

8.1.4 计算机维修步骤

计算机维修步骤如图 8-2 所示。

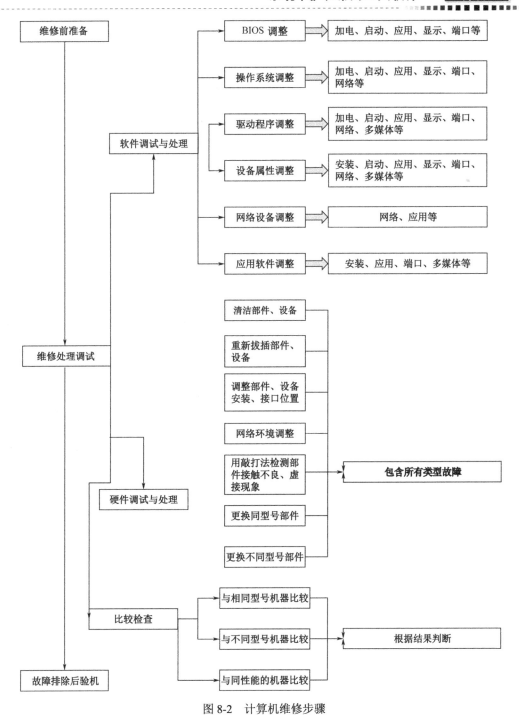

图 8-2　计算机维修步骤

任务小结

通过任务中计算机维修的基本原则、方法和步骤的介绍，让学生们学会自己动手发现、排除计算机故障，完成日常系统维护工作。

任务 8.2 常用工具软件的使用

文件压缩和图片制作是日常工作中最常见的应用操作。本任务介绍如何通过 WinRAR 这个软件来打包和解压缩文件，加密文件等应用和利用 ACDSee 10 进行图片后期处理加工。

8.2.1 压缩软件

WinRAR 是一个文件压缩管理共享软件，由 Eugene Roshal（所以 RAR 的全名是 Roshal ARchive）开发。首个公开版本 RAR 1.3 发布于 1993 年。Pocket RAR 是为 Pocket PC 平台发布的免费软件。它是仅有的几个可以读写 RAR 文件的软件之一，因为它保留版权。

WinRAR 是一个强大的压缩文件管理工具。

它能备份你的数据，减少你的 E-mail 附件的大小，解压缩从 Internet 上下载的 RAR、ZIP 和其他格式的压缩文件，并能创建 RAR 和 ZIP 格式的压缩文件。WinRAR 是流行的压缩工具，界面友好，使用方便，在压缩率和速度方面都有很好的表现。其压缩率比高，3.x 采用了更先进的压缩算法，是压缩率较大、压缩速度较快的格式之一。

WinRAR 压缩软件是 Windows 版本的 RAR 压缩文件管理器，一个允许你创建、管理和控制压缩文件的强大工具。存在一系列的 RAR 版本，应用于数个操作系统环境：Windows、Linux、FreeBSD、DOS、OS/2、MacOS X。

Eugene Roshal，1972 年 3 月 10 日生于俄罗斯，毕业于俄罗斯车里雅宾斯克工业大学（Chelyabinsk Technical University），也是 FAR 文件管理器的作者。他开发程序压缩/解压 RAR 文件，最初用于 DOS，后来移植到其他平台。主要的 Windows 版本编码器，称为 WinRAR，以共享软件的形式发行。不过 Roshal 公开了解码器源码，UnRAR 解码器许可证允许有条件自由发布与修改（条件：不许发布编译 RAR 兼容编码器）。而 RAR 编码器一直是有专利的。

最近的开发者是 Alexander Roshal。虽然其解码器有专利，编译好的解压程序仍然存在于若干平台，例如开源的 7-Zip。尽管业界普遍混乱，似乎没有纯开源模块能解压版本超过 2.0 的 RAR 文件

WinRAR 内置程序可以解开 CAB、ARJ、LZH、TAR、GZ、ACE、UUE、BZ2、JAR、ISO、Z 和 7Z 等多种类型的档案文件、镜像文件和 TAR 组合型文件；具有历史记录和收藏夹功能；新的压缩和加密算法，压缩率进一步提高，而资源占用相对较少，并可针对不同的需要保存不同的压缩配置；固定压缩和多卷自释放压缩以及针对文本类、多媒体类和 PE 类文件的优化算法是大多数压缩工具所不具备的；使用非常简单方便，配置选项也不多，仅在资源管理器中就可以完成你想做的工作；对于 ZIP 和 RAR 的自释放档案文件，单击属性就可以轻易知道此文件的压缩属性，如果有注释，还能在属性中查看其内容；对于 RAR 格式（含自释放）档案文件提供了独有的恢复记录和恢复卷功能，使数据安全得到更充分的保障。

WinRAR 是共享软件。任何人都可以在 40 天的测试期内使用它。如果你希望在测试过期之后继续使用 WinRAR，你必须注册。

它没有其他附加的许可费用。除了与创建和发布 RAR 压缩文件或自解压格式压缩文件相关的注册成本之外，没有其他附加许可费用。合法的注册用户可以使用他们的 RAR 副本制作

发布压缩文件而无须任何附加的 RAR 版税。如果你注册了 WinRAR，可以免费升级所有的最新版本。

下面就对它的主要功能进行详细的介绍。

1. 如何压缩（打包）文件

方法 1：从 WinRAR 图形界面压缩文件。

从 WinRAR 图形界面压缩文件的具体步骤如下。

（1）执行"开始"→"所有程序"→"WinRAR"→"WinRAR"命令，会弹出 WinRAR 的主界面，如图 8-3 所示。

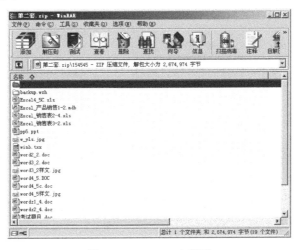

图 8-3　WinRAR 主界面

（2）选择要压缩的文件。可以在工具栏的分区列表中选择，或者单击左下角的分区图标 来改变分区，然后选择该分区内需要压缩的文件，如图 8-4 所示。

（3）在选择一个或多个文件之后，在 WinRAR 主界面顶端的工具栏上单击"添加"按钮，或是按下 Alt+A 组合键，也可以执行"命令"→"添加文件到压缩文件中"命令，弹出如图 8-5 所示的对话框。

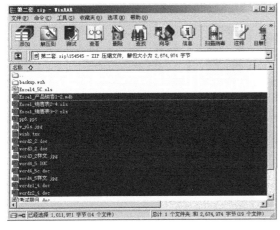

图 8-4　选择文件

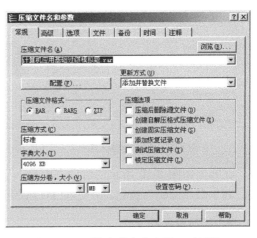

图 8-5　"压缩文件名和参数"对话框

(4) 在对话框中输入目标压缩文件名或者是直接接受默认名。在对话框中还可以选择新建压缩文件的格式（RAR 或 ZIP）、压缩级别、分卷大小和其他的一些压缩参数，具体情况如图 8-6 所示。

(5) 当准备好创建压缩文件时，单击"确定"按钮。在压缩期间，出现一个窗口显示操作的情况，如图 8-7 所示。如果你希望中断解压的进行，在该窗口单击"取消"按钮。单击"后台"按钮可以将 WinRAR 最小化放到任务区。

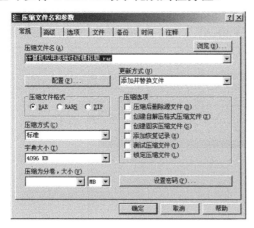
图 8-6　选择格式

图 8-7　命令窗口

(6) 设置压缩文件的密码，单击"设置密码"，在弹出如图 8-8 所示的对话框中输入密码后单击"确定"按钮即可。

方法二：直接对文件夹进行压缩。

选择需要压缩的文件，如图 8-9 所示，单击鼠标右键，在弹出的快捷菜单中选择"添加到压缩文件"选项。

图 8-8　压缩密码设置

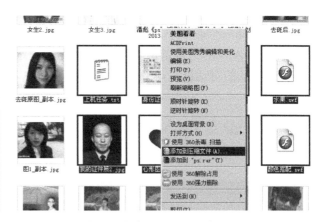
图 8-9　多个文件添加压缩文件

在弹出如图 8-10 所示的对话框中输入压缩文件名即可。如果你希望压缩后的文件设置密码，则单击"密码"按钮，在如图 8-11 所示的窗口中输入密码即可设置解压缩文件的密码。

2．如何解压缩文件。

与压缩文件类似，解压缩文件也有从 WinRAR 图形界面解压文件、从命令行解压文件、在资源管理器或桌面解压文件这三种方式。下面同样只介绍第一种和第三种方式。

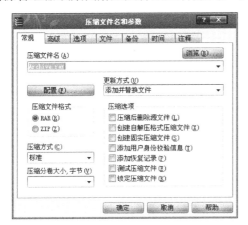 

图 8-10　压缩文件名添加　　　　　　图 8-11　设置密码

1）从 WinRAR 图形界面解压文件

从 WinRAR 图形界面解压文件的具体步骤如下。

（1）在 WinRAR 窗口中选中需要解压的文件，如图 8-12 所示，然后双击该文件或按下 Enter 键。

（2）当压缩文件在 WinRAR 中打开时，它的内容就会显示出来。然后选择要解压的文件和文件夹（包含在压缩文件中的），你可以使用 Shift+方向键或 Shift+鼠标左键多选，也可以在 WinRAR 中用空格键或 Ins 键选择文件，如图 8-13 所示。

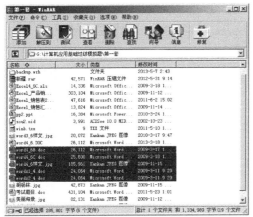 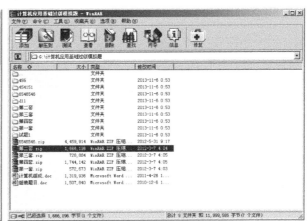

图 8-12　选中一个文件　　　　　　图 8-13　选择多个文件

（3）在选择了一个或多个文件后，在 WinRAR 顶端工具栏中单击"解压到"按钮，或是按下 Alt+E 组合键，此时会弹出一个对话框，如图 8-14 所示。在该对话框中输入或选择目标文件夹后，单击"确定"按钮即可。

解压期间（同压缩时的情形类似），会出现一个窗口显示操作进行的状况。如果用户希望中断解压的进行，可以在该窗口单击"取消"按钮，也可以单击"后台"按钮将 WinRAR 最小化放到任务栏区。如果解压完成了，而且也没有出现错误，WinRAR 将会自动返回到主界面。

图 8-14　选择目标文件夹

2）在资源管理器或桌面解压文件

在资源管理器或桌面解压文件的具体步骤如下。

（1）在资源管理器中右击要解压的文件，会弹出一个菜单，如图 8-15 所示。

（2）选择"解压文件"命令，将弹出一个对话框，如图 8-16 所示。在对话框中输入目标文件夹并单击"确定"按钮。

图 8-15　选择"解压文件"命令　　　　图 8-16　输入目标文件夹

8.2.2　图像编辑软件 ACDSee 10 软件

1）增加图片的亮度

在日常生活中，通过数码相机或者手机拍出来的相片经常出现效果偏暗的时候，如何让我们的照片亮度提高，往往是我们拍照经常要处理的事情。当照片存在光线暗的特点时，需要调节亮度，具体操作如下。

（1）通过 ACDSee 10 打开照片，单击相片管理器进入相片的编辑模式。

（2）单击"修改"菜单中的"调整图像曝光率"，如图 8-17 所示，在弹出的窗口中选择曲线；将曲线慢慢往上调，单击"应用"按钮即可。

系统维护和常用工具软件　　项目 8

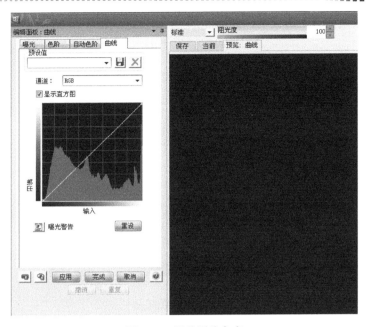

图 8-17　调节图片亮度

2）修改图片格式、图片的曝光度、对比度、裁剪图片以及调整图像大小

图片格式的修改：单击"修改"菜单中的"转换文件格式"，在弹出的窗口中选择你所需要的格式，单击"下一步"按钮即可。

曝光度和对比度的调节：单击"修改"菜单中的"调整图像曝光率"，在弹出的窗口中直接设置曝光度和对比度。

图像大小的调节：首先通过裁剪工具 选取图片合适部分进行裁剪。然后单击"修改"菜单中的"调整大小"将图像进行宽度和高度的裁剪，注意：如果需要将图片进行不等比调整大小，可以选中"保持纵横比"复选框 保持纵横比(A)：。

3）特殊效果的应用：单击"修改"菜单中的"调整图像曝光率"

日常的数码相机会产生大量的照片，制作网页等创作工作也需要使用大量的素材图片，如果你不需要特别的效果，只进行常规的图片处理工作，直接用 ACDSee 软件即可。

选择所需图片，单击工具栏"编辑图像"按钮进入，在这里你可以进行图片尺寸调整、添加文本、裁剪、旋转照片操作。如果你对图片的颜色不是很满意，还可以进行曝光、阴影/高光、颜色、锐化、噪点等效果调整，如图 8-18 所示。

执行这些操作都是非常简单，甚至是傻瓜化的，下面我们做一个简单的"效果"示范，为图片添加一种特别的涂鸦效果。

在编辑面板中单击"效果"进入，软件的"效果"选项类似于 Photoshop 的滤镜，目前提供了 30 多种特殊效果，如边缘、光、绘画、浮雕、像素化等。在"选择一个类别"中选择"全部效果"，就可以看到软件内置全部效果了，双击一个效果来执行它，如图 8-19 所示。

4）ACDSee 中创建幻灯片

现在在博客、网页中插入 Flash 动画是件非常普遍的一件事情，你是否也想给自己的网页增加一个展示照片的漂亮 Flash 动画呢？

定位到需要处理的照片文件夹，在窗口中选择所需图片，单击"创建"→"创建幻灯片"，弹出"创建幻灯放映向导"对话框,如图 8-20 所示。

图 8-18　原图

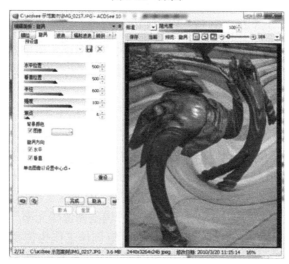

图 8-19　效果图

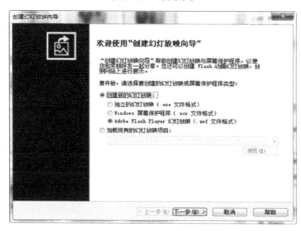

图 8-20　"创建幻灯放映向导"对话框

在该对话框中选择幻灯片的类型为"Macromedia Flash 幻灯片（.swf 文件格式）"，单击"下一步"按钮继续。进入"选择图像"向导，由于一开始就选择了所需图片，所以不需要再次添加了，如果要做调整，可以在这里完成，如图 8-21 所示。

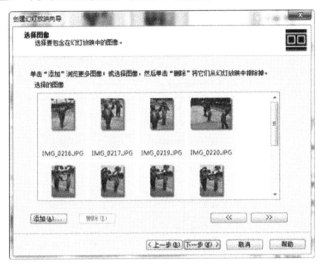

图 8-21　选择图像

接下来就是"设置转场"了，这非常重要，最终生成的 Flash 动画效果是否出色就看这里如何设置了。我们需要为每一张图片选择一个"转场"效果，软件内置有淡入淡出、仓门、光驱、拉伸、滑动等效果。如果你的照片很多，嫌逐一设置比较麻烦，可以在对话框中选中"全部应用"，就能实现效果的批量添加。

进入"设置幻灯片选项"向导，由于我们的幻灯片是在网页中使用，这里选择播放方式为"自动"，选中"自动重复播放幻灯片"，单击"下一步"按钮继续。

进入"输出选项"向导，设置"Flash 尺寸"，为了保证最终效果，请按照图片的实际尺寸设置（注：大家最好提前将所需图片的尺寸都统一起来），如果部分图像尺寸不相符，可以选择"拉伸图像以适合屏幕"。最后设置输出的 SWF 文件的目录及工程文件目录，如图 8-22 所示。

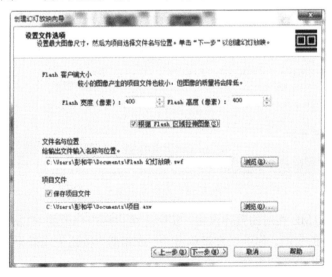

图 8-22　文件的目录及工程文件目录

最后，在网页编辑工具中将生成的 SWF 文件插入，就能为网页添加一个漂亮的 Flash 相册了。

修改图片文件的曝光率、对比度，如图 8-23 所示。

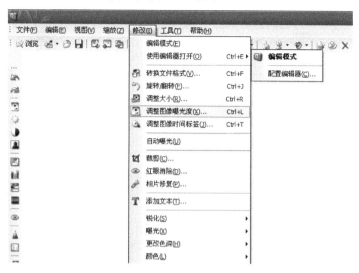

图 8-23　曝光率的调节

Flash 动画很漂亮，不过如果你打算一次展示几十，乃至上百张照片，采用 Flash 就不太合适了。你可以试试 ACDSee 制作 HTML 相册的功能。

依然先选择所需的照片，单击"创建"→"创建 HTML 相册"，软件目前内置了 9 组不同风格的网页样式，这些相册的设计均非常漂亮，绝对能满足你苛刻的要求，如图 8-24 所示。

图 8-24　相册的设置

由于为了保持 HTML 相册的整体风格，实际上可供用户修改的 HTML 相册参数很少，如果不追求一些个性化的东西，你可以直接单击"生成相册"按钮生成效果。需要做自定义设置的用户，单击"下一步"按钮继续。

接下来均是一些个性化设置，大家根据提示添加即可，如图库标题、页眉、页脚，输出文件夹等。

在"缩略图和图像"设置中，虽然可以设置的参数比较多，如行、列的设置，缩略图的尺寸、格式，图片的尺寸、格式等。但是笔者并不建议大家做大幅的参数修改，因为这涉及HTML相册输出的整体效果问题。ACDSee生成的所有HTML相册均支持幻灯片播放模式，所以大家还可以自行设置间隔时间，如图8-25所示。

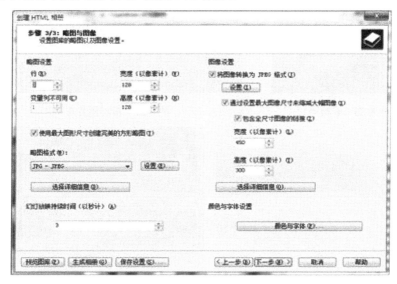

图 8-25　可以自行设置间隔时间

任务小结

通过本任务的学习，同学们掌握了利用 WinRAR 压缩/解压文件、加密文件等应用和利用 ACDSee 10 进行图片后期处理加工。

项目综合实训

（1）将素材文件夹下面的图片素材压缩后保存为一个自解压文件。

（2）请使用 ACDSee 转换图像格式及调整图像曝光度，具体要求如下（图片素材见电子教学资源）。

① 调整图像曝光度：请将"新疆风光.jpg"图片曝光值设为15、对比度设为10，以原文件名保存，如图 8-26 所示。

② 调整图像大小："宁静的校园.jpg"，将其宽度调整为 200 像素，保持原始的纵横比，以原文件名保存，如图 8-27 所示。

③ 转换图像格式：将"油菜花.bmp"转换成 GIF 格式，以原文件名保存，如图 8-28 所示。

④ 将"孔雀.bmp"转换为 JPEG 格式，以原文件名保存，如图 8-29 所示。

图 8-26　素材图片 1　　　　　　　图 8-27　素材图片 2

图 8-28　素材图片 3　　　　　　　图 8-29　素材图片 4

（3）请使用 ACDSee 创建 PPT 演示文稿。

① 请选择素材文件夹中的"宁静的校园.jpg"、"新疆风光.jpg"、"油菜花.bmp"，创建一个新的演示文稿。

② 每个幻灯片的图像数量为 1。

③ 标题文本为"演示文稿 1"，字体设为"楷体"、30 号字、颜色为 150.23.0，以文件名"孔雀图欣赏.ppt"保存在 E 盘。

项目总结

通过本项目的学习，同学们不但掌握了计算机系统常见故障及维护原理及方法，还学会了利用第三方软件实现压缩文件、图片处理的日常应用。

反侵权盗版声明

电子工业出版社依法对本作品享有专有出版权。任何未经权利人书面许可，复制、销售或通过信息网络传播本作品的行为；歪曲、篡改、剽窃本作品的行为，均违反《中华人民共和国著作权法》，其行为人应承担相应的民事责任和行政责任，构成犯罪的，将被依法追究刑事责任。

为了维护市场秩序，保护权利人的合法权益，我社将依法查处和打击侵权盗版的单位和个人。欢迎社会各界人士积极举报侵权盗版行为，本社将奖励举报有功人员，并保证举报人的信息不被泄露。

举报电话：（010）88254396；（010）88258888
传　　真：（010）88254397
E-mail：　dbqq@phei.com.cn
通信地址：北京市万寿路 173 信箱
　　　　　电子工业出版社总编办公室
邮　　编：100036